獲利的金鑰

品牌再造與創新

王福闓 著

推薦序

再造與創新：
品牌的永續工程

國立臺中教育大學
文化創意產業設計與營運學系副教授
兼 EMBA 執行長　　拾已寰

依照Olins（2000）的主張，資訊快速流動後的知識普及，企業越來越難利用原有掌握關鍵原物料、獨佔獨特的生產技術、生產製程或是服務流程……等方式，來塑造競爭門檻、確保企業自身的競爭優勢。唯一可以讓企業獨有而不需與他人分享，或是被競爭對手所仿效的，就是「品牌」。

美國行銷協會（AMA）對於品牌的定義是：「品牌是一種名稱、術語、符號、象徵、設計或以上的組合，其主要的目的在於辨認一個或是一群銷售者的產品或服務，並能夠與競爭者的產品或服務有所差別」。因此，品牌最原始及核心的功能在於區隔競爭對手，讓自己與競爭者有所差異，並能夠被清楚辨識出來。而Aaker（1991）也認為，品牌是一個用來識別特定產品和服務，並與競爭者有所區隔的特殊名字與象徵符號。所以，品牌的存在可以同時保護企業及顧客，避免被仿冒品所害。

而隨著Pine與Gilmore（1998）所強調的消費者感受為核心的體驗經濟潮流來臨，如何讓消費者心中留下獨特價值及有別於競爭對手的差異化感受，才是企業在眾多競爭對手中卓越勝出的最重要關鍵。而在現今的經營管理技術中，能夠塑造這種差異化及獨特價值感受的最重要技術，正是企業如何透過以消費者為核心，運用消費者研究分析、行銷策略、商品開發設計、整合行銷傳播、商業模式設計……等管理技術操作，來讓消費者能夠對企業提供給他的產品或是服務進行消費，並因此產生獨特的經驗感受。

由於消費者這個獨特的經驗感受是一種消費經驗的總和，企業操作這個獨特的經驗感受，重點在於希望消費者透過這個經驗感受，能夠清楚辨識出這個企業、認識這個企業，甚至於是理解這個企業存在的意義與價值（Gardner & Levy，1955），並對這個企業形成一種期待（Brandt & Johnson，1997），這種辨識、認識意義、價值與形成期待，就是消費者對這個企業的品牌經驗，也正是企業所擁有的「品牌」。

這樣的品牌管理操作概念，已經讓企業進行品牌塑造及管理的「品牌工程」，從企業自身導向的品牌行銷及管理，轉向以消費者為導向的品牌體驗與行銷。這樣的轉向也才真正符合品牌大師Aaker（1991）所主張的：「品牌形象是消費者心中對品牌的認知，也就是消費者對品牌的想法、感受與期望」，以及Keller（2013）所強調的：「企業的品牌不是企業自己說了算，而是消費者心中感受到的才算。」

前述的概念正好印證Kotler的主張，品牌絕對是企業最重要的策略資產，擁有品牌的企業才能夠從眾多的競爭對手中卓越勝出。但是，面對越來越全球化的競爭環境，企業如何打造自身品牌，讓消費者可以從眾多競爭者中辨識出企業的品牌，進而了解品牌的意義與價值，來讓消費者產生正向的感受，進而讓消費者對企業品牌產生緊密與積極的關係，這一個從「品牌識別」開始，進一步賦予「品牌意涵」，讓消費者產生「品牌回應」，最終建立牢固忠誠「品牌關係」的品牌發展歷程，Keller 認為最重要的目的就要能夠引發消費者對品牌的共鳴。而這個期望讓消費者對品牌產生共鳴的核心，就在於消費者對品牌的經驗感受，因此，企業的品牌工程，可以說就是一個攻佔消費者「心靈佔有率」的歷程。

但是，從品牌行銷溝通的角度來看，企業無法用一成不變的品牌訴求來面對期待改變、求新求變的消費者。因為，品牌價值與信念可以持久不變，那是企業品牌對消費者的承諾與堅持，然而，隨這環境變遷下的消費者思維模式、閱聽及溝通習慣的改變，品牌的價值訴求就不得不隨之改變，以消費者聽得懂的方式來說話，說出消費者聽得懂的話。從大眾傳播溝通的術語來說，品牌訊息本身要能夠被閱聽者所接收及認知，才能夠有機會被進一步的認同而產生行為的改變。「百年品牌、創新作為」指的就應該是這樣的現象，歷久彌新的百年品牌，不變的是價值與信念，但是溝通的品牌訊息卻是隨時與日俱進，才能夠在不同的世代消費者之間得到認同與忠誠。

王福闓老師的新作——品牌再造與創新，就是在說明、解構這樣的現象！

在面對台灣企業發展品牌的實務觀察中，從「困境」開始找出品牌發展的問題，繼而以「重生」的視角說明品牌需要再造的理由，其後再以「起程」來介紹品牌再造的策略與方法，並以「靈魂」的灌注來分析如何將品牌內在的價值與理念以文化、故事轉換出品牌的形象，並且以外在識別設計將品牌裹上消費者所喜愛與認同接受的「糖衣」，最後則進一步從品牌整合行銷傳播及品牌體驗行銷的角度，來揭示品牌「生存」之道。

王老師的新作不但兼具理論與實務，更是融合概念介紹及操作技術，也完整說明品牌再造與創新的發展模式與永續經營之道。這樣的著作，可以讓過去偏重理論講述的教學現場貼近工作實務，也可讓過去強調管理直覺的品牌工作現場找到成功或失敗經驗的背後理論邏輯，這也是身為中臺灣高階經理人才進修培訓EMBA執行長的我，強力推薦本書最重要的理由。

推薦序

品牌行銷人員的最佳指南

康泰納仕樺舍集團　副總經理

李全興（老查）

經營品牌，可以說是目前企業競爭力中頗為重要的一環：成功的品牌可以引發消費者產生偏好、避免陷入價格競爭、相較競爭者有高指名度、消費者有長期的忠誠度，甚至在負面新聞發生時也比較有機會重新建立消費者的信任。正因為如此，對於經營品牌的重要性，如果問到企業主或行銷人員，也許共通點會是「很重要，值得投資，但又有點不知從何下手」。

不只新的企業需要建立品牌，既有的品牌也需要不斷維護與重新定位。商業媒體上不乏各種探討品牌經營的專文，但是各種觀察角度與解讀對於讀者來說難以簡單的建構出可以依循的架構與做法。教育或訓練單位也有其不夠貼近企業競爭第一線的侷限。也因此人才的養成相當困難，必須由實戰的工作者自行發展出能力，但也頗受其經驗的限制。

有幸受邀試讀中華整合行銷傳播協會理事長王福闓老師的新書《獲利的金鑰：品牌再造與創新》書稿，透過架構性的方式完整探討經營品牌所需涵蓋的各個面相與做法。對於品牌擁有者與行銷人員來說是很好的指南。王理事長長期自行銷領域的實戰經驗與授課時和各行各業學員間的互動與交流，使本書內容兼具理論與實務的基礎，在此誠摯推薦。

推薦序

深厚理論與實務兼具的一本佳作

博翊生技有限公司　總經理

張宜新

第一次跟王福闓理事長接觸時，是敝人進行一家中藥集團的保健食品的企業輔導中，王理事長任職行銷部門，當時的王理事長尚未留鬍鬚，但是言談舉止間已經是十分專業老到。再次與王理事長會面，他已經是服務於多家大專院校間的行銷專業講師，有幸與王理事長交流知識，記得當時曾約在信義誠品書局外會面，當時王理事長已經在規劃出版第一本行銷書，敝人馬齒徒長，在零售行銷業界二十多年，卻是未曾出書，明顯比王理事長慢了一拍。

在任職杏壇前，王理事長也在多家企業歷練，所以更能言之有物。由書中文筆來看，在這幾年王理事長所擁有的深厚理論與實務，又向上提升，更具全局觀與國際觀。敝人感覺未來這種理論與實務兼具的專書才是知識界的主流。而在今年五月，應王福闓理事長之邀，到中華民國整合行銷協會與其深談，除了欣賞王理事長豐富的玩具蒐藏外，話題就圍繞在品牌的再造與創新。

王福闓理事長的容貌與過去的身影相比，形貌已經是大相徑庭，但是可以感受到還他是充滿自信與幹勁，就如同本書所敘述，台灣的品牌要走出窠臼，就必須改頭換面，由靈魂本質做更新與再造。才能在眾多而悠久國際品牌中，脫穎而出。我就像是沒有改變的舊品牌，而王理事長就像是銳意改造的新品牌，不僅在全新包裝下，吸引目光，更在實務上達到了新的高度，獲取全新的靈魂與成就。

台灣需要品牌創新，「台灣經驗」從台灣經濟起飛，一路上由代工到代製到自我品牌，累積不少本土品牌由小而大，由少而多，由電子業的興起，到以台灣經驗為訴求的服務業藉著加盟，快速擴散到對岸與東南亞。然而近年，無論電子還是服務業，卻是頻遭打擊。

書中提及許多原因，我們無法一一比對，找出每一個品牌衰敗的原因，但是如同作者王理事長書中的反問，是否這是台灣品牌的末路？在進出口萎縮，政治經濟倍受打壓，全球不景氣的時代。是不是還有一條康莊大道，可以讓「台灣」這個曾經閃亮，目前卻蒙塵的品牌再顯風華。

答案是肯定的。王理事長提出，唯有品牌再造與創新，能起死回生。敝人是零售業顧問，在企業輔導的過程中，也頻頻遇到類似的企業困境，人事與組織的潛力耗盡，沒有任何活力，前途渺茫。不是緩步萎縮，就是面臨即將被排擠的絕境。此時除了企業再造，大刀闊斧改革外，別無選擇。企業如此，品牌也是如此。國際間許多百年企業及品牌，並不是單純保持傳統與原味，就可以受人喜愛。許多品牌在面臨新時代，它的品牌改變是極為龐大，以翻天覆地來形容，也不為過。

品牌一詞，由國外CIS系統導入，逐漸為國人接受與使用，但是大部分業者，只著重在外形，銷售，服務與通路等局部，卻沒有領略到品牌的累積，並不是僅僅在包裝，銷售或是售後服務。而是更深沉，更全面的企業與經營的沉澱累積。

王理事長在書中，仔細的說明品牌的正確形成與目前大家的誤謬概念，用淺出深入的例子與文字告訴大家，品牌包含者什麼樣的內涵。要如何建立？書中從思維概念的改變開始，宛如抽絲剝繭般，層層列舉條陳，談論如何建立品牌。既對初學理論者來說，有一個按圖索驥的內容，也對實務業者來說，有一個巨觀與微觀兼具的工具。

內容由品牌靈魂談到品牌本質，由地區品牌環境談到國際競爭，由品牌設計談到品牌管理。既以基本行銷元素與品牌構成的基礎來分析，卻又談到國內企業的實務缺點；品牌人才的缺乏與品牌策略的失焦。在國內淺碟型市場與價格戰行銷的氛圍下，錯誤的品牌管理與經營確實到處可見。

品牌再造，不是個人的工作，也不是一天半載的短期行程，既要企業高階支持，也要企業同儕的多方動員，更需要品牌管理團隊的悉心照料與修剪，才能面對國際殘酷的競爭，只有面對殘酷競爭後，還能生存，才有機會成為國際品牌。在國際村化，網路化的現在，商品資訊爆炸，一打開手機，就能搜尋到全世界數百萬種食衣住行娛樂的多元產品，所以要能最終培養顧客的忠誠，才是品牌再造的的目的。

正本清源，卻又自出新意。由理論為基礎，卻又包含實務的經驗，就是敝人對王福闓理事長這本書的第一個印象，讀完此書，這個印象卻沒有減弱，反而更強烈。純理論書好寫，純實務的書好編，但是理論實務都極具水準，又能相輔相成，卻是不容易。王理事長深厚的學界研究與教學的基礎與實務輔導的經驗在這本書中完美的呈現。使敝人這一向對國內專業書出版略有意見的讀書者眼睛一亮。

近日讀書會相當盛行。好的內容，會普遍受到讀者的青睞。品牌再造與創新此書，是我身為顧問可以放心推薦給讀書會讀者的選擇。我預測台灣的品牌即將面臨經濟萎縮的嚴苛考驗。在處處打折，價格戰的現狀下，品牌再造是能長久生存，並往國際發展的一條路。在O2O的經營浪潮，販賣業以電商販賣的電子商務經營，展現與傳統實體店完全不同的行銷與販賣手法。企業想要從實體販賣轉向電子販賣，就像傳統品牌經營者想做品排再造一般。並不是花點錢在網路投放廣告，做個網頁或官網，或是請攝影師拍些漂亮的照片，請文案寫些介紹文，就能做好O2O。與品牌再造相同，在管理人才與管理概念要有系統與全面的投入，要重新定位，要全面經營，不少企業有虛實經營的覺悟，卻沒有品牌經營的決心，這是相當矛盾。敝人的直覺，未來三年，就是品牌再造與創新的高峰。

總而言之，王理事長書中，切入目前傳統企業與品牌最迫切的需要。對於已經僵化的傳統品牌行銷，品牌再造是進入國際競爭與長久獲利的必經之路。在動態的商業世界中，不能持續改進，就是走向逐漸消亡的結局。經由書中的論點與內容，協助企業或個人進行品牌的再造與創新，絕對是一個正確，而且一本萬利，物超所值的知識投資。

推薦序

品牌再造就是
找回初衷再躍進

中華自媒體暨部落客協會　理事長
鍾婷

定位不清時，行銷是浪費的。客群不明時，行銷是混沌的；目的不單一時，行銷是複雜的，商品力不夠時，行銷是多餘的。

行銷不是銷售的萬靈丹，它只是調整企業經營每個環節的整脊師。以上是我個人20年零售營銷經驗累積出的心得，但真正能無中生有、扭轉乾坤的，其實是品牌。

品牌不只是公司名稱；也不只是企業商標；更不只是印個名片，發發廣告傳單這麼簡單就可以的。許多人誤以為架個網站、弄個店面、銷售幾款商品，就能自詡是個品牌企業。這其實是大錯特錯！而且是自取滅亡的不歸路。

我們身處在多文化、多通路、多媒體、多載體……無數的多的年代，任何事情自然變得相當多元。而品牌在面臨多元化的消費客群時，理所當然地會衍生出不同的樣貌。但萬不離其宗的是，品牌是一種精神理念，一種文化傳承。行銷管理大師菲利浦科特勒（Philip Kotler）認為，品牌意義，在於企業的驕傲與優勢，獨占性的商業符號（商標）廣為人知。因服務或商品，形成無形的商業定位。

品牌的生命週期會經歷四大階段，分別是：品牌新創、品牌擴散、品牌運營或整併，及品牌重塑或銷毀。經營一個品牌著實不容易，隨著時間流逝、市場萬變，品牌再造勢必是因應之道。但在重塑的過程中，一如作者王福闓老師在第五章「品牌要活下去還是必須憑實力」中提到，「首先要釐清品牌原本的定位及形象，再將組織品牌下的子組織品牌加以整頓。最後盤點產品及服務的品牌延伸，並決定保留哪些品牌、刪除哪些以及重整哪些品牌。」

《獲利的金鑰-品牌再造與創新》的出版，清楚界定了品牌經營該有的認知及技能，無論是新創企業或是傳統企業都是一本不可或缺的導引書。行銷與品牌是焦不離孟孟不離焦，行銷需有明確的品牌，才有精準的策略布局。

在獲利之前，回到最初的根本，找回企業精神，才能全面性的規劃核心行銷策略，透過消費者行為分析去吸引新客戶和維繫相關喜好的舊有客戶，塑造全通路口碑，再透過跨渠道的管理、執行和衡量與客戶溝通的方式，提升客戶多管道體驗感受。獲利再創佳績，終將是必然的結果。

推薦序

本書問世是
台灣行銷圈的
一大福音

匠心文創　創辦人暨作家

貓眼娜娜

最早聽聞王福闓老師的大名，是我近年來每年固定承接的「文創行銷人才培訓班」課程講堂上；據班上的同學說，學程裡有位既專業、嚴謹，又充滿威信的老師，帶領大家在品牌經營的學習之路上披荊斬棘。

聽聞王福闓老師許多事跡之後，令我感到既羨慕又欽佩；羨慕的是，回首在我當年走進公關與行銷一途時，其實跌跌撞撞，繳過不少「學費」，也消磨過不少志向與熱情，如果當年有機會遇到這樣一位專業、充滿責任感的老師那該有多好！學員的享受，令我著實羨慕。

欽佩的是，我相信只要親身接觸過品牌與行銷操作的人，都應該非常了解，以台灣現有的市場規模與企業主的商業模式慣性，打造「品牌」從來不是容易的事情，然而，王福闓老師除了能在這個領域深耕多年，竟然還能心有餘力的扮演傳道授業者角色，在在感受得出他對推廣品牌再造與行銷正道理念的志業理想。

因此，有機會參與王福闓老師的新書出版，對我來說是莫大的榮幸。拜讀完整本深入淺出、條理分明的文稿，也令我更加理解為何老師將書名訂為「獲利的金鑰」。的確，當一個企業的產品、服務甚至文化能形成「品牌價值」時，背後所能衍生的利益、機會與變化性，實在無可限量而且「前途」無量。

然而，「品牌」這兩個字雖然代表利多，卻始終是台灣行銷市場與中小企業主的盲點與痛點，存在著無數的迷思與謬誤觀念；並缺乏一本從本土實務觀點出發，並能連結國際視野的品牌建構分析之作。幸而，王福闓老師的新作正好滿足了這樣的出版缺口，相信能成為各界關切品牌建構議題的人，一盞重要且實用的指引明燈。

非常感動王福闓老師毫不藏私的分享，相信這本書能為台灣的行銷市場帶來更多專業且深具價值的正能量。無論書前的你是苦於品牌行銷的中小企業主、想要學習品牌建構不得其門而入的新手，或者對於品牌經營思維期與知識待更有系統理解、應用的專業工作者，這本書都能給你絕佳的思考與收穫！

作者序

從患難、老練到盼望的品牌再造之路

王福闓

常常在想，台灣說品牌、做品牌這麼多年，雖然也還有幾個在國際上發光的品牌，可是大多數的人都對品牌這件事，還是相當陌生。總是有人說：「做品牌就是要貴一點！」，也有人說：「只有大企業才能做品牌！」對我來說，或許是因為在產、官、學不同面向都有些經驗，又有幸從城市國家、非營利組織到上市櫃公司及一般新創公司都擔任過顧問，對於品牌有些不同的理解，更對於「品牌再造」有些經驗可以分享。

觀光工廠的部分，則是因為台灣這十餘年，本來不少品牌期望透過觀光工廠的規劃達到品牌再造的效果，可惜真正成功的卻只有少數。或許透過此書能讓已經碰到瓶頸的，或是還在思考要怎麼重新開始的品牌，能有些想法和幫助。這本書不只是寫給企業老闆或是行銷人員看，也是寫給需要重新調整腳步的城市管理者，或是非營利組織的負責人，更重要的是希望一般的大眾消費者甚至學生都能看懂，更能了解。所以這次我不採用大多數的翻譯名詞及英文對照，盡量用中文及中文意思來解釋。

「患難生忍耐，忍耐生老練，老練生盼望（羅馬書 5:3-5）」，在台灣這環境艱難、亟需重新站起來的現在，希望這本書提出的一些觀點和經驗，不論是產、官、學都能好好思考，要怎麼先把「台灣」自己這個品牌做好，也讓想透過品牌再造找到自己「獲利的金鑰」的人都能有所收穫。最後，我感謝在背後支持的家父家母、兄弟及妻子，以及過去在朝陽、政大、世新的師長，以及協會同仁和合作單位的夥伴們。

寫在書前

當下的困境：台灣的品牌出了什麼問題

到底是觀念錯了還是做法有問題？
品牌到底生了什麼病？

從中小企業的奮戰艱辛談起

台灣的中小企業發展從產業結構來看，製造業大致可分為三個階段，OEM製造代工是早期發展的重心，當時對於品牌的概念還相當的薄弱；再來是ODM設計代工的階段，開始有部分B2B的品牌針對企業形象的部分來做一些品牌行銷，但仍然有限。直到了越來越多公司開始做自有品牌（OBM）才正視品牌建立的重要性。

但這時雖然思維更新了，卻受限於過去的經驗不足以及專業人才並沒有辦法能夠立即的跟上。再來就是已經具有國際化競爭能力的這些品牌，當面對其他全球市場當中的大型企業，擁有的相對條件就顯得不足。甚至就算透過一些有經驗的品牌顧問公司協助，這時候若沒有企業全體員工的支持及企業主的授權，很難達到真正的效果。

所以這些中小企業建構品牌的時候，就成了想要走路國際化卻又太過保守，在形象上也相對不夠明確，本土的在地化溝通時，卻又沒有辦法給予消費者足夠的認知與支撐的力道。在對品牌的概念模糊不清，在反覆調整品牌策略的同時，就常常耗損許多資源及時間，最終也未能讓品牌替企業帶來真正的價值。

也有不少中小企業一開始就認為，只要開幾家有特色的風格店面，或是設計一些特殊包裝的產品，就是在做品牌。但當風格店的服務實在不夠理想、經營者也沒有持續改善的意願或投資，有特殊包裝但卻只是模仿國外或是內容物價值不足，甚至公司在產品製造上用了不正當的方式，這些都是導致過去不論台灣還是國際消費者，對於台灣品牌還有進步空間的認知原因

品牌發展的瓶頸：大型企業過度保守

不少台灣的本土大型集團對品牌的概念並不陌生，例如統一集團多年前就透過加盟和代理來推動品牌經營。但從另外一個層面來看，卻也因為相對保守所以集團內的多數品牌都是引進國外品牌，包含星巴克，無印良品甚是統一超商本身都是已經存在的連鎖品牌，而非台灣原生的自創品牌。

另外，這些大型企業多是長期在台灣深耕的家族品牌，基本都是上市上櫃或是資產雄厚，自然在財務上及國際競爭上擁有較佳的條件。但針對國際市場的品牌行銷投資時卻相對保守。國外的消費者對台灣的品牌在行銷溝通上的認知不足，而且常發生品牌形象改變時，消費者的記憶度跟不上產品的銷售與開發的速度。

另一個層面的問題，就是這些大型企業還是容易以在國際上發展以有成績的外國國際品牌作為範本，但卻忽略的自身缺乏相同的成功特質。其中包含是否：

- 品牌管理結構是否能顧及整體的行銷及營運
- 是否已擁有或建立全球性的通路及經銷管道

・品牌是否已經具相當的國際高度並擁有突出的發展策略。

另外一個難題：國際舞台是殘酷的

台灣談品牌這件事已經有數十年的時間，不論是從外國國際企業進入台灣市場後帶來的影響、本土企業導入了CIS企業識別系統，還是近年來政府提出不少品牌輔導計畫開始。很多的企業逐漸具有品牌意識，甚至城市觀光品牌、社會企業品牌都開始有人重視，越來越多的人才希望能擔任品牌經理人或是進階成為品牌顧問。由此可以看到台灣的品牌有越來越具備完整思維的發展可能性，但這些品牌的負責人真的準備好面對國際舞台了嗎？

現實層面來說，台灣的品牌在國際上仍然需要相當的努力才能擁有更高的品牌價值。英國Brand Finance品牌顧問2018年做的全球品牌價值調查來說，亞馬遜成為全球最具價值品牌，價值達到1508億美元，蘋果、谷歌分列第二和第三。第四至十為依次為：三星、Facebook、AT&T、微軟、威瑞森、沃爾瑪，中國工商銀行。甚至從百大名單來看居然沒有台灣品牌上榜，卻可以發現中國品牌在這些年努力中，已經有22個上榜。

品牌榜单 | 2018年全球最具价值500大品牌榜，22个中国品牌进百强

2018-02-07 01:02

資料來源：http://www.sohu.com/a/221356779_498753

全球品牌價值500大 台四家企業入榜

財經

A A A 友善列印

Facebook Google+ Twitter Weibo

20180717 21:58
陸禁止房企公司債與票據互還

20180717 21:52
瑞銀：貿易戰傷陸GDP恐超0.5個百分點

20180717 21:23
國巨庫藏穩軍心 外資看多後市不變

20180717 21:07
陸2018上半年對外投

2018年03月01日 19:36 工商 彭禎伶

由英國品牌顧問公司Brand Finance發表的全球品牌價值500大排名，2018年名次出爐，台灣今年有台積電、中華電信、富邦人壽及國泰人壽入榜，以台積電213名成績最佳，且比去年的249名前進；而全球品牌價值前五大則分別是亞馬遜、蘋果、谷歌、三星跟臉書，前三名品牌價值都在1200億美元以上。

資料來源：http://www.chinatimes.com/realtimenews/20180301004154-260410

台灣的品牌要提升品牌價值，最重要的還是必須先面對品牌實質提供給消費者的產品與服務在國際上是否達到水平。從另外一份 Interbrand 品牌顧問公司發布 2017 全球百大最有價值品牌排行榜，依次是：蘋果、谷歌、微軟、可口可樂、亞馬遜、三星、豐田、Facebook、賓士、IBM，百大之中一樣沒有任何台灣品牌入榜。而這個調查的指標也是國內品牌評估價值的標準，標示在全球市場競爭的情況下，台灣品牌還有很大努力的空間。（參考資訊：http://www.chinatimes.com/newspapers/20170926000099-260203）

台灣品牌思考的下一步：建立品牌不只是推廣商品

在建立品牌時，很多廠商的思維還是認知目的只是為了能夠推廣產品，但卻忽略了品牌並不是只有產品及服務本身，還包含了企業形象甚至行銷傳播的內容。品牌在整體市場當中能夠強化競爭力，但也必須付出資源來經營及維護，所以當過度以產品及服務為導向的品牌，不願意投資行銷傳播來溝通品牌內容時，就容易陷入進退兩難的困境。

常常本土企業在經營品牌時，因為只關注於營收數字，甚至對於企業品牌與產品及服務品牌的差異都不了解，只是一昧的認定做品牌就應該有銷售佳績，更不願意在企業品牌形象，或是社會責任上投資。甚至明顯的整體外在形象，像是包裝或是品牌識別都有許多值得改進的地

BT GB 2017台灣20大國際品牌榜單

排名 2017	排名 2016	品牌	2017 品牌價值（億美元）	成長率%
1	1	華碩電腦	16.78	-4%
2	2	趨勢科技	14.05	+3%
3	3	旺旺控股	9.29	-10%
4	4	中信金控	5.31	+5%
5	5	巨大機械	4.86	+2%
6	6	研華科技	4.84	+11%
7	NEW	國泰金控	4.14	-
8	11	美食達人	4.04	+16%
9	7	宏碁公司	3.96	-7%
10	9	聯發科技	3.84	+2%
11	8	美利達工業	3.59	-10%
12	10	宏達國際	3.36	-10%

資料來源：https://www.moea.gov.tw/MNS/populace/news/News.aspx?kind=1&menu_id=40&news_id=75620

方，卻不願意在這些地方投資甚至進行再造。

有足夠資源的企業又具有正確思維和策略，能同時在品牌形象的溝通以及產品的銷售都有有所投入當然比較能夠成功。但也有企業誤以為只運用品牌整合行銷傳播，就可以掩飾產品本質或經營模式的問題。結果就是縱然看起來一時擁有消費者，但卻容易在發生問題，產品出問題或經營有危機時，被看破手腳原來只是空殼。

經濟部工業局主辦，財團法人台灣經濟研究院一樣是委託 Interbrand 品牌顧問公司鑑價的「2017 年台灣國際品牌價值」，華碩蟬連五屆冠軍的傲人紀錄。新進榜的國泰金控進入第七名，品牌價值進步幅度最大的美食達人（85°C）增幅達到 16%。但是過去的台灣之光美利達工業及HTC卻都掉出了前十名，而且成長率衰退10%。

外來的品牌管理知識未必適合台灣品牌

這些年逐漸的許多品牌相關的翻譯書籍，都成了台灣想要學習及建立品牌時的範本。以及從世界各國來的廣告、公關公司、品牌諮詢公司甚至設計公司，都帶來的不同的品牌管理觀點。但打開這些不同的品牌教科書卻發現，要不是舉的例子相當陌生甚至古老，就是翻譯名詞艱深而且不易理解。而國外的品牌輔導相關公司，也多半對台灣的企業了解有限，也不夠明白華文化品牌的特色。

並非這些國外理論及品牌輔導公司內容有誤或做法不對，而是當有些外文的名詞為了修辭而改變說法，但到了最後卻發生同一個英文單字有多種翻譯，甚至有的名詞雖然翻譯成中文卻仍然艱澀難懂，更不要說是運用這些知識來幫助品牌管理人才在實務上運用。更何況，就算用再多華麗的用詞，最後建構出來的品牌消費者卻根本無感，何不回歸基本的營運和行銷。

還有一層現實的原因是，許多國際品牌早已發展數十年甚至上百年，很多觀念也是逐漸形成。當它們開始導入品牌輔導或品牌再造系統時，也經歷了相當的磨合。而且不少品牌所運用的品牌知識與理論都是從當地需求而生，若是套在台灣原生的品牌常常顯得不適用。而台灣或華文化適合的品牌管理及品牌再造理論建立，才是真正能幫助台灣品牌發展出自己特色的關鍵之一。

落實的挑戰：品牌管理人才的缺乏

現實面來說，台灣的困境也來自過多的劣幣驅逐良幣，如同現在許多的專家、講師或是顧問，談論或認為自己是品牌專業人才卻不夠務實。但對被輔導的公司或單位來說，常常輔導及授課價格才是考量因素。也導致擁有高價值的品牌知識工作者，越來越難維持較好的品質與生存空間。這樣的挑戰，不但是品牌管理人員必須面對的，更是想要獲得專業人才的企業、組織以及政府要一起面對的。

以下是作者觀察要培養更多真正台灣品牌管理人才時，必須先面對解決的問題：

- 大學教育中沒有足夠的專業教育人才，甚至經常濫竽充數
- 品牌管理人才的價值沒有明確的優劣標準，無法被具體衡量
- 品牌專業的等級和評估沒有一定標準，或是參考標準漏洞百出

- 部分企業及組織只想獲得免費服務，運用資源卻又不尊重專業
- 成功的品牌管理必然需要內外一起，組織需要給予人才職缺

雖然這些年，有些單位持續在培養顧問來協助企業轉型或提升績效。但是這些部分常態開班訓練顧問專業的半官方組織，培養出來的顧問多著重於製造業、農企業的生產績效或是流通業的經營，而針對更多面向的組織品牌與產品及服務品牌的實際營運管理，其實相對經驗有限。而這些顧問各有專業，但實際上真正經歷過品牌管理相關工作以及學習品牌專業知識的人，才能更完整且清楚地做出正確輔導診斷與協助。

更何況品牌管理的層面相當多元及複雜，從國家城市到微型企業、從連鎖加盟到文化創意，甚至是農企業都需要品牌管理與品牌再造。一般的品牌顧問若沒有足夠的歷練或資源，不見得能有足夠的知識和經驗傳承給後進的顧問及團隊。因此在計劃的執行上就很容易不斷的複製單一成功經驗，而沒有辦法為不同面向需求的組織在自身的品牌管理制度和內部人才培育上帶來更實質上幫助。

華文化品牌在國際市場的困境

在全球化的風潮下，越能被消費者熟悉的來源國品牌，在建構組織文化時越容易被消費者接受。台灣對從二戰時期至今，眾多的電影、商品甚至是教育的教材及學習的語言，首先就是受美國文化的影響最深，再來就是日本文化。因此可以發現，台灣幾乎消費者偏好的汽車品牌、家電品牌、動漫品牌、甚至食品飲料品牌都是以日系和美系為大宗。

事實上不論是美國的迪士尼、日本的航海王這類的創意產業品牌，還是巴西的嘉年華、威尼斯的面具節這些觀光節慶品牌，甚至是英國的披頭四、瑞典的ABBA合唱團這些演藝團體品牌，都不可能完全在沒有特定的背景文化之下，能夠被其他的國家或市場接受。華文化品牌在國際上若是要發光，就得面對如何跟其他國家的消費者溝通來源國的文化。

若是其他國家連對華文化的語言或文化意涵都沒有基本認識，台灣又如何深耕文化創意或觀光品牌。有的品牌認為，那何不取個外國名字或是假裝外國公司，但沒有真實的文化內涵是無法解決文化差異與溝通問題的。就如同一個取了法文名字的品牌，對台灣消費者來說毫無熟悉度，就算創造一個品牌故事包裝，但若沒有實質內涵，等到想推上國際時就會被真正的法國品牌給打敗。

可惜的是，台灣幾乎很少品牌願意積極的思考，所謂的品牌形象和品牌文化如何跟華文化產生連結。事實上並非是要台灣的品牌就只能堅持發展華文化的連結，但若是沒有自身的特色，也沒有跟華文化連結，當面對國際挑戰時將無法運用更多的品牌特色，來做品牌的市場區隔及定位。

目錄

CH2 起程〃品牌是從哪裡開始著手的？

CH3 靈魂〃那些看不到卻又如此重要的元素

目錄

續章

應用與展望 // 觀光產業的品牌再造之路

重生 //

品牌再造
必經的天堂路

品牌再造是砍掉重練還是刮骨療傷？
品牌輔導顧問是巫醫還是魔術師？

CH 1

1-1

為什麼品牌需要再造？

其實過去較少有實務界或專家學者討論品牌的主體性，因為大多時候是將品牌從企業的角度來看，所以認為從實際存在的企業公司、看的到的產品服務來認知，而品牌只是這些實體的外在象徵、符號、設計包裝。

但是這些年可以發現許多的品牌概念更為廣泛，包含國家城市、活動節慶、非營利組織、公司企業以及產品及服務，都可以是品牌，都顯示了品牌存在的獨立價值與角色越來越被重視。

台灣的品牌為什麼會發生問題，甚至需要進行品牌再造，除了一開始筆者點出的整體性問題之外，多半的問題還是出在品牌的擁有者跟經營團隊本身。

從幾個層面來思考，例如經營者從一開始就對完整建立品牌不太在意，只在乎短期利益卻沒有投注資源在品牌本身，基本上連獨立的品牌管理部門或職位都沒有；或是多數負責品牌行銷的人員，連組織品牌、產品服務品牌，和產品本身都分不清楚。另外則是組織本來的運作模式相對簡單，無法支撐後來期望建立品牌時的所有需求。

例如許多農業企業剛要開始做品牌時，卻發現除了過去的產品之外，組織本身根本沒有營運、行銷甚至設計的經驗和人才，更不用說經營品牌。大多數的台灣本土企業一開始並不喜歡發展完整的組織品牌形象來跟消費者溝通，尤其是產品品牌發展較好的公司，對組織品牌元素的建立更會較為忽略。

但消費者並非不在乎組織品牌，而是組織品牌必須更主動的跟消費者溝通，甚至要將組織品牌的品牌理念、品牌故事有計畫的傳播，才能更容易被消費者了解。

例如：消費者熟悉的禮坊喜餅、七七乳加巧克力或是新貴派等，消費者對產品品牌相當熟悉，卻對生產製造這些商品的公司宏亞食品股份有限公司本身比較沒有強烈的印象或記憶。

也有的是以發展組織品牌為主的企業，公司品牌大家可能都認識而且很熟悉，但對於旗下的產品品牌名稱及品牌特色相對不太熟悉。作為溝通的主體，品牌不應該只是型號，同樣是手機的品牌，消費者能夠明確區別 APPLE、OPPO 或是小米，但能被消費者立即想起的產品品牌卻通常是 iPhone。

例如宏碁股份有限公司（ACER），家用產品種類的範疇包含了筆記型電腦、桌上型電腦、平板電腦、智慧型手機、顯示器、投影機、穿戴式裝置以及其他產品。但可能鮮少有人知道 ACER 的智慧型手機品牌名稱是 Liquid Z，智慧型手錶品牌名稱是 Leap Ware。

當品牌經營了一段時間，有些當年成功的產品品牌或服務品牌已經無法吸引年輕消費群的購買，或是因為決策失誤而影響了整體品牌的發展，甚至連組織品牌也因為沒有持續行銷溝通而被淡忘。10 幾年前的廣告一播再播，卻對已經改變的市場環境消費者及一無所知。除了銷售量以外，對於品牌形象或偏好的評量調查均不願意投資。甚至對品牌的未來發展和延伸也都沒有具體策略，直到發生了重大危機才開始面對。

例如曾經是全球手機產業第一名的領導品牌 NOKIA，因為在產品策略上遭遇重大挫

資料來源：http://www.hunya.com.tw/index.aspx

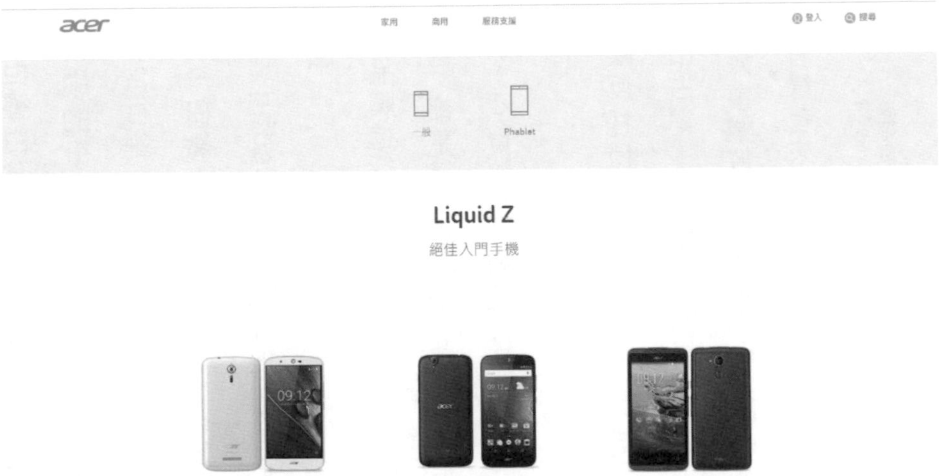

資料來源：https://www.acer.com/ac/zh/TW/content/group/smartphones

敗，導致消費者逐漸淡忘 NOKIA 曾經的輝煌歲月。但經由品牌再造與品牌授權，這兩年消費者又開始對 NOKIA 這個品牌有了新的期待。當中的分工則是 NOKIA 公司提供持續 10 年的專利與品牌授權、HMD 公司負責品牌管理包含行銷、營運與產品設計，微軟公司在提供交叉專利授權，富智康公司則進行生產、售後、研發、供應鏈管理。（參考資訊：http://technews.tw/2016/12/02/hmd-nokia-foxconn/、https://tw.appledaily.com/finance/daily/20180330/37973160）

品牌再造需要一些明確的原因和動力，通常在組織品牌進行合併或成立集團、品牌周年紀念、國際化發展時，甚至是發生危機與品牌資產明顯衰退，都是最常看到需要品牌再造的時候。除了突發性的危機與品牌價值明顯衰退是在問題發生後，才會被動性的進行品牌再造，其他的原因都可以提前規劃，甚至是有計畫地持續進行品牌再造。

例如微軟公司（Microsoft）在經歷多次世界各國反托拉斯的重擊，以及 Windows 及 Office 這些主力產品品牌已經不在像過去擁有絕對的市占率，對於微軟的組織品牌來說，未來將分成「體驗與設備」以及「人工智慧與雲端」兩大事業群。至於 Windows 與 Office 將被納入體驗與設備之下以維繫統一的消費者體驗。對消費者來說，微軟這個企業品牌將更像是數位雲端及智慧服務品牌，而不再是軟體銷售品牌。（參考資訊：https://udn.com/news/story/6871/3067726）

比較理想的品牌再造時機，就是在經過嚴謹的判斷及思考下，運用現在仍擁有的優勢，不論是組織品牌的正面形象，產品及服務品牌的消費者支持，或是品牌在整體市場中屬於領先地位。越是能將品牌再造作為品牌長期發展的工作項目之一，就越能透過不斷檢視自身的過程及產出的結果，來維持品牌擁有的優勢，也更能因此持續與消費者產生關連。

例如 Google 成立新的品牌控股公司 XXVI Holding Inc.，來概括管理之前從 Google 發展出來的 Alphabet 總公司旗下的各個新創項目，像是自駕車公司品牌 Waymo、生物科技公司品牌 Verily 等。目的就是為了將新發展出來的組織品牌能獨立運作且發揮長才。而 Google 轉變成為公司品牌，旗下有 Google、Chrome、Gmail 和 YouTube 等服務品牌，這樣不但讓 Google 的公司品牌可以更專注於搜尋及社群本業，也能讓服務品牌的位階清楚被識別出來。Google 新的品牌標誌也更加接近集團品牌 Alphabet 的品牌標誌設計。

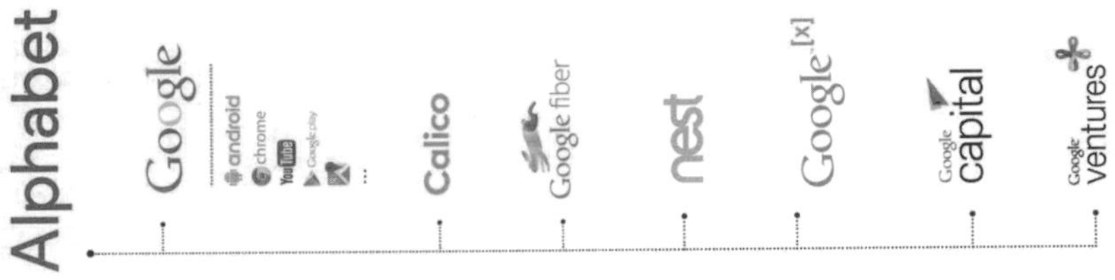

資料來源：
https://www.bloomberg.com/news/articles/2017-09-01/alphabet-wraps-up-reorganization-with-a-new-company-called-xxvi
www.brandemia.org/google-se-llamara-alphabet-y-asi-es-su-nueva-estructura-y-nuevo-logotipo

品牌再造的需求也來自於品牌擴張時的市場增加或調整，包含本來市場規模以本土在地消費者為主，但進軍國際市場後發現不論品牌形象或過去品牌傳播模式都無法因應。或者是原本是B2B市場的品牌，想要橫跨B2B及B2C市場，但是消費者無法立即接受。市場的變化常常使品牌面臨到許多不確定性及必須改變的原因，但品牌不只是組織或是產品及服務，更是一個整體性的概念，若是不適度進行品牌再造，若只想堅持原來的品牌營運模式，或是一昧地配合市場調整品牌溝通方式，反而會導致品牌的崩壞。

例如通用電氣集團（GE）在過去擴張市場、大量發展品牌延伸後，持續虧損可能導致集團品牌再造。包含關閉部分研發中心，也可能出售運輸和醫療資訊科技（IT）部門，甚至可能出售旗下有近2,000架飛機的飛機租賃部門。透過大幅度的組織品牌再造，以及刪減非核心業務的產品及服務品牌，讓通用電氣集團（GE）品牌可能變得更小、更聚焦，才可能在大幅虧損的現況中重生。（參考資訊：https://money.udn.com/money/story/5599/2814819）

產品本身會有生命週期、公司組織也可能因為整併或倒閉結束營業，但品牌卻不會。許多組織品牌因為有價值，就算股東不同、公司人事更迭，但仍然保持品牌的名稱及獨立性。產品及服務品牌更是，有時國際知名產品及服務品牌在不同的公司手上，可能是授權、連鎖加盟或是異業合作，但也是產品及服務品牌本身推廣得有聲有色。所以，許多經典品牌生存的幾百年，就是因為能持續的應用品牌再造，才能更與時俱進的生存下去。

品牌再造重點

- 您現在是以組織品牌還是產品及服務品牌為主要溝通主體？
- 您現在的組織品牌形象與產品及服務形象是否一致？
- 您現在的品牌是否沒有規畫過品牌再造的計畫方案？

1-2

品牌
可能的危機

常常對品牌來說，危機並非立即發生的。有時是因為是整體環境的演進，以及消費者的習慣逐漸造成。以零售產業來說，從最早的消費合作社、百貨公司、郵購，到超級市場、便利店，甚至直到今日的數位購物網站、購物APP，以及可預見的智慧無人店。並非品牌自己一定有什麼重大的失誤，但沒有跟上時代以及因應措施，就會造成了品牌危機。

例如曾經紅極一時、家喻戶曉的玩具反斗城（Toys R Us），將計畫關閉或出售全美800多家分店。1948年成立的玩具反斗城可以說是全球許多小朋友的共同回憶。但在亞馬遜等電商業者崛起後，業績大受影響，加上沉重的負債和新資金引進不利導致發生品牌危機。當初創辦的理念是讓消費者自行挑選後放入購物車的「玩具超級市場」，在當時是很新潮的概念，甚至直到2017年時，全年營收還有115億美元。（參考資訊：https://money.udn.com/money/story/5599/3022903）

經營品牌時，碰到危機或是策略失誤是很難避免的事情，但若可以防範未然或是有預先擬定處理方案，不但能將低傷害甚至能避免重蹈覆轍。了解品牌危機發生的原因，就可以盡量避免。

品牌危機的發生可能有以下幾種原因：

- 經營團隊誤判整體環境或趨勢，方向錯誤或過度擴張，導致財務槓桿失衡。

・管理者失德、內部溝通不良或商業機密外洩甚至衍伸員工集體離職、罷工。

・品牌沒有保護商標、形象、及資產的監測調查與管理機制，導致競爭者挑戰的或反對者的攻擊。

・品牌形象或產品（服務）品質出現問題，當下處理失當，甚至把企業推入危險困境。

例如曾經是台灣相當知名的食品公司味全，因為陸續發生食安風暴導致原來入主的母集團撤資，而仍然存活下來的公司品牌在經過產品品質調整、品牌形象再造、新產品品牌的推出以及消費者給予機會重新支持，也使得該食品組織品牌的獲利有提升，同時旗下產品品牌也有部分已經在市場上有較好的支持與反應。（參考資訊：https://www.youtube.com/watch?v=EyYWQJ3DrjQ）

雖然了解品牌危機發生的原因很重要，但事前為因應危機可以做的準備更重要。避免品牌危機發生的方式分成以下幾個層面：

・從品牌文化與理念就提高品牌的道德標準，不誇大不實以及欺騙

・決策者是否有能力管理整個品牌，並適度授權團隊達成任務。

- 公司極品牌擴張時謹慎小心，隨時確認財務槓桿的操作是否可控制。
- 品牌經營團隊的專業能力、產業經驗、以及決策能力等強化及提升
- 隨時監測消費者對商品價格的反應與通路現況，掌握競爭者的變化
- 面對環境變化及自身危機時的壓力處理的演練
- 商品及服務品質的持續提升與要求，並以做為產業標竿的方向來努力

危機管理團隊主要的功能在於提出危機處理方案，以及排定處理及資源投入的優先順序，在最短的時間內掌握情況以應變。團隊成員可能包含組織內外部的單位，包含定期監測品牌可能發生的危機資訊並加以蒐集、安排定期品牌危機處理的演練活動、擬定品牌危機管理計畫並執行危機處理，最後則是品牌形象修復。

例如美國星巴克（starbucks）因為一間費城門市的人員，報警導致兩名非裔男性遭逮捕，爆發消費者的抗議和抵制活動。星巴克執行長 Kevin Johnson 強森表示將在 5 月 29 日下午關閉 8,000 家直營門市，對 17.5 萬名員工進行種族議題的教育訓練。Kevin Johnson 表示承諾會解決這項問題。（參考資訊：https://money.udn.com/money/story/5599/3092795）

針對不同的品牌危機型態，應有不同的偵測指標及方式，例如新聞媒體的資訊蒐集和關係建立，或是競爭者的攻擊或可預期的環境變化。當發現異狀時則應立即通報團隊的負責人進行

判斷。負責人必須明確指揮團隊依照品牌危機處理的演練和經驗做出判斷，並作出危機處理的執行決策和止血時程。

台灣過去也有不少企業希望能透過併購國際品牌，或是經由投資擁有國際品牌的使用授權。但若是沒有正視品牌不論是經過危機後重生、營收衰退後再造，或是在經營的最高峰時策略性被收購或併購，都需要高額的品牌再行銷費用來重新溝通，就很有可能讓品牌再次發生危機。

例如鴻海集團在併購夏普並取得 Nokia 手機品牌授權後，為了行銷 Nokia、夏普雙品牌必須大量投入資金。雖然有 iPhone 新機代工的營收支撐，但毛利率、淨利率、營益率較之前均有衰退。但只要有長期的品牌再造計畫，並且隨時監測內外部的品牌發展情況，就能避免品牌危機的擴散或發生。（參考資訊：https://tw.appledaily.com/new/realtime/20180330/1325693/）

品牌發生危機後，組織同仁的心理壓力是極大的，要是突然公司負責人發生醜聞，或是公司產品被檢驗出有害物質，內部也應該要有溝通方案和流程，否則一旦危機擴大導致無法執行因應措施時，將對品牌造成毀滅性的影響。也有品牌因為發生危機後無法獨立生存，例如松青超市在食安危機時，從味全手中易主到全聯，但最終在全聯的整體策略下，松青超市已經從台灣市場消失。

例如 Facebook 因為資訊安全問題發生危機，用戶的個人資料遭到廣告數據業者「劍橋分析公司」不正當方式利用，Facebook 沒有合適的控管及阻止，連帶影響到 Facebook 的品牌形象。甚至因為大量用戶停止使用，以及投資人信心不足，甚至造成品牌資產的影響。（參考資訊：https://news.cnyes.com/news/id/4071193）

品牌再造重點

- 您的品牌是否發生過危機？原因是什麼？
- 您的品牌是否有分析過自身最可能發生的危機是什麼？
- 您的品牌若是發生危機是否有因應的措施及團隊？

1-3

品牌輔導
及診斷

通常台灣品牌建立的過程並非一開始就有完整思維，多數的品牌在建立初期並非都是透過專業團隊協助，不論是組織品牌或是產品及服務品牌也較少是針對品牌管理這個單一項目來進行專案的投資。台灣的組織品牌也幾乎過半數沒有專職的人員和部門，針對品牌形象、品牌價值甚至社會責任來做一整體的維護。近幾年越來越多的品牌經由設計公司協助，建立了CIS企業形象識別系統，但卻多僅止於視覺為主。

有的組織品牌則是導入顧問公司協助輔導，但則是以ISO、工業流程改善或是服務流程調整為主，就整體面向的品牌再造則是少之又少。這些年政府有不少品牌輔導計劃，從中央到各地方政府都有不少。但事實上真正協助這些輔導計劃的品牌顧問公司，是否都有足夠的能力為台灣品牌帶來幫助，這是相當重要的問題。再者就算顧問公司有一定的專業能力，但是提出申請的廠商在經過輔導後，所創造及擁有的價值在納稅人的眼中是不是能夠得到真正的被提升，並創造更大的國家利益，更是重要的問題。

甚至有一部分的品牌，在經過了這些輔導計畫後之後不但沒有提升，甚至因為在行政作業上變的複雜，以及輔導過程導致內部路線分歧產生差異。這些問題僅是冰山一角，但卻導致了品牌在發展上反而更加困難。那這時候品牌若是想運用資源，就必須先了解這些輔導計劃的的要求以及目標，以及經過輔導後品牌可以創造或提升的價值有哪些幫助。

品牌尋求輔導及診斷時，可以先了解合作單位是否有針對問題進行諮詢，透過問題來了解

（資料來源：http://cci.culture.tw/cht/index.php?act=apply&code=post&ids=44）

品牌的問題。諮詢的面向可以包含品牌現況、品牌經營管理問題、市場現況等問題。進入診斷時則可能針對品牌的營運模式、升級轉型及創新給予建議。但若是更進一步的在品牌診斷後，發現品牌再造的層面及需求明確，也有資源作為後續品牌再造的執行，就會進入正式的輔導階段。

例如筆者本身協助多個政府的品牌再造計畫，包含經濟部、勞動部、文化部及數個地方政府的專案計畫。多數的專案在進行時雖然能幫助品牌進行再造及價值提升，但當專案結束或品牌沒有持續在為自己進行品牌投資時，有時原來提升的品牌效益就無法維持。

然而還是有不少品牌願意求助外部的單位協助，甚至是編列專案經費自行尋找專家顧問的協助，或是透過品牌顧問公司或設計公司進行品牌的規劃與再造。若是能從內部建立完整的品牌管理組織，再加上外部單位的協助，則更能看清楚問題和加以解決。只有品牌真的面對了必須再造和調整的重要性後，從上而下、內外合作，才能最後達到成功的品牌再造成果。筆者將相關概念整理為「品牌再造診斷表」，內容如下：

品牌在內外部環境發生變化時，應該先進行評估診斷，診斷的面向可能包含品牌形象、品牌定位、產品及服務以及組織本身。通常出現警訊不一定是品牌本身的問題，例如銷售衰退有可能是新的競品進入市場，消費者流失也可能是整體景氣衰退。但若是曾經成功的品牌認同開始降低，或是品牌形象老化導致失去吸引力，那就是品牌必須面對的部分。

品牌再造診斷表

品牌再造診斷項目	品牌再造診斷內容說明
品牌現況調查	組織品牌的市場現況 產品及服務品牌的市場現況 產品及服務品牌消費者的滿意度 品牌定位與競爭者的比較
品牌形象確認	消費者對品牌理念與故事的記憶度 消費者對品牌形象的認知 消費者對品牌識別的反應
整合行銷傳播	消費者對品牌溝通訊息的認知反應 消費者對品牌溝通工具的接觸反應
品牌知識管理	內部品牌溝通過去成效檢視 內部品牌管理方式檢視
品牌社會責任	組織品牌的社會責任實踐程度 產品品牌的社會責任實踐程度

資料來源：作者繪製

香港品牌發展局

香港品牌發展局（品牌局）是由香港中華廠商聯合會（廠商會）牽頭成立的非牟利機構，旨在集合社會各方面的力量，共同推動香港品牌的發展。

資料來源：http://hkbrand.org/

例如香港的在地品牌為了因應中國及全球化的競爭，成立的香港品牌發展局bdc，工作範疇主要是從整體層面和戰略的角度，倡議和推動香港品牌的整體發展策略，包含協助品牌再造以及品牌行銷。例如推行「香港名牌標識計劃」和「香港製造標識計劃」，透過規範化的審核和准許證制度，提升香港品牌的價值。並且定期舉辦「中小企品牌群策營」扶植後起品牌，以及透過加強公眾宣傳和教育，增進消費者的品牌意識，培養「重視品牌、保護品牌」的社會氛圍。

透過品牌診斷與評估，可以清楚了解現階段的問題與未來發展時需要調整的項目。進行品牌診斷時，可以從消費者層面及品牌本身來分析，包含：

- 內外部市場環境是否發生變化
- 市場發展趨勢是否與預測不同
- 品牌創新的行動是否停滯
- 品牌現在的知名度與偏好度高低
- 消費者是否理解且認同品牌的文化、理念
- 品牌形象與價值是否開始崩壞與、衰退
- 品牌發展策略及定位是否需要調整
- 組織品牌與產產品及服務品牌在消費者的認知有沒有完整被溝通
- 品牌整合行銷計畫是否完整且持續
- 品牌的自我認知與內外部是否一致

品牌診斷及輔導需要先對症才能下藥，所以進行品牌輔導時除了確認問題及盡量取得可以幫助輔導的資料。尤其是跟品牌產生關連的內外部人員，所提供的一間都值得品牌再造時作為參考。品牌診斷及輔導還可以從以下工作項目來規劃品牌診斷和輔導的內容：

整體市場調查

- 市場趨勢分析

- 競爭者分析
- 消費者分析

品牌研究與分析

- 了解品牌目前在營運上所困難的挑戰和。
- 品牌內部相關人員問卷調查／訪談
- 品牌外部利害關係人焦點團體訪談
- 廣告、公關、設計等相關協力組織問卷調查／訪談

品牌專業知識教育訓練

- 經營者及高階主管品牌策略課程
- 品牌管理人員及行銷相關部門人員品牌管理營運相關課程
- 其他品牌相關人員基本品牌概念

品牌專案部門及工作流程建立

品牌共識營造

- 品牌文化、品牌理念及品牌再造策略共識擬定
- 品牌形象、品牌識別系統及其他品牌再造元素規劃討論

· 品牌整合行銷傳播策略確認

A 案例：凱義品牌管理顧問公司品牌再造診斷及輔導範例

工作內容	輔導內容	產出成果
品牌現況評估	品牌現況探索與市場調查 品牌組織架構評估 品牌溝通與接觸點分析 品牌投資比例檢視 品牌管理人員專業度評估	品牌再造系統規劃建議書 內部品牌教育訓練規劃書
整合績效評量	檢視品牌團隊運作與流程 內部品牌現有績效標準 內外部溝通績效檢視	品牌績效評量制度規劃書
產品系統管理	現有產品經營研究與分析 現有產品發展策略檢視 現有新品開發規劃檢視	新產品品牌發展策略規劃書

通路系統管理	現有通路效益評估 現有通路製作物檢視 實體與虛擬通路經營績效評估 新通路發展規劃檢視	新通路品牌發展策略規劃書
整合行銷傳播	品牌接觸點檢視分析 過去整合行銷溝通策略檢視 過去整合行銷投資效益評估	年度整合行銷傳播計畫書
國際化策略	品牌國際化發展現況 國際市場現況分析	品牌國際化發展策略建議書

資料來源：作者繪製

品牌再造重點

- 您的品牌是否曾經請設計公司協助建立品牌過？

・您的品牌是否曾經請品牌顧問協助品牌再造過？

・您的品牌是否有能力自行診斷品牌發生的問題？

1-4

再造品牌的關鍵

品牌再造時要有明確的目標，才能達成再造的效益提升。例如若品牌市場占有率雖然高，但卻發現獲利相對低於市場平均值，可能就要透過品牌在再造提升品牌價值，提升價格但同時維持市佔率。一般來說，再造商業類品牌必須先考慮奪回市場的佔有率，但因為這樣子的思維忽略的許多產業的獨特性。產品及服務品牌在創立初期擁有相當高人氣的支持度，但不一定會造成排他性，反而因為市場尚未飽和，所以品牌建立初期的重點是特殊性以及消費者的認同連結。但當人數到達一定上限，卻沒有反映在商業行為時就要檢視問題的來源。

不少文化創意品牌，提供了創意服務也擁有高度迴響，但最終提供的品牌購買者可能屈指可數。例如FB上的人氣插畫家，並不會因為在初期建立時從500人粉絲成長到50萬人，就對其他插畫家一定會產生排擠，更可能因為與其他插畫家合作推廣品牌，共同擴大市場。但若是500人時的商品品牌和50萬人時的銷售量沒有明顯成長，那就是必須面對的問題。

因此重建品牌的形象，透過調整組織、產品或服務的獨特性吸引消費者對品牌重新產生興趣，過程中可以運用整合行銷傳播溝通整體形象。再透過內容的提供實質滿足消費者，才能得到實質回饋。至於事先解決產品及服務的問題，還是正面傳遞組織品牌理念，都可以在重建品牌前就先判斷與計畫。筆者提出「品牌再造三階段」，以下說明之。

品牌再造三階段

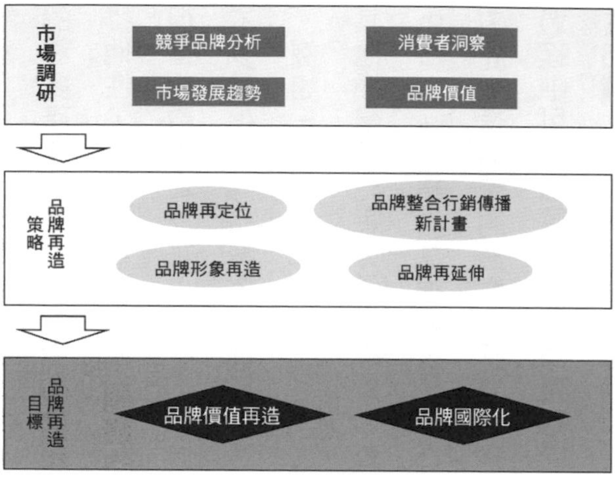

資料來源：作者繪製

品牌再造到了一定階段，就必須面對營運模式調整。有的品牌從代工品牌轉型為自創品牌，除了所有品牌建立需要的內外在元素，完整營運模式與組織變革也都相當重要。藉由品牌再造的不同階段，將營運模式重新調整並融入在再造後的品牌中，同時利用品牌再造專案重新變革組織的結構及人員的安排。

例如阿里巴巴集團的天貓原名淘寶商城，原先入口和網址都位於拍賣類型的淘寶網之內。為了區隔以拍賣為主的淘寶網及以品牌專業店淘寶商城的差異，於2012年將淘寶商城改名天貓。透過與進駐的品牌結盟合作，舉辦天貓雙11全球狂歡節，不但創造極佳的銷售結果，更將阿里巴巴集團品牌、天貓品牌以及雙11全球狂歡節品牌，都深化在消費者的記憶中。

具體的訂定出詳實清晰的目標及時間表、確認成本支出和設定追蹤成效評估，就能降低品牌再造的失敗風險，重點大致可分為以下幾項：

- 進行品牌市場調查與消費者分析
- 重新確認品牌定位
- 重新確認品牌理念及品牌文化
- 擬定品牌識別元素調整方案
- 決定再造後的品牌形象
- 商品與服務的改進方案
- 計畫品牌再造策略與經營方案
- 更新品牌知識管理系統
- 內部品牌溝通及教育訓練
- 企劃品牌再造整合行銷傳播方案

資料來源：http://www.alibabagroup.com/cn/about/businesses

- 調整品牌接觸點及評估成效
- 重新調整品牌中長期發展計畫
- 判斷是否進入新市場
- 持續品牌風險危機管理
- 規劃顧客關係管理及忠誠度維持計畫

品牌再造必然會是在現有的成本支出之外，而且必須在一定時間內達到可被看見的效益，另外多數人對於改變現況是會抗拒的。例如組織品牌的成員，對現在所實行的內部規範會因為品牌理念的再確認、品牌文化的調整，而必須要跟重新適應及遵守。或者是產品品牌在進行品牌識別再造時，包含所有行銷人員、業務人員甚至通路夥伴及消費者，都要重新溝通並告知原因。

例如多芬洗髮乳（Dove）過去給消費者較為黏膩及不易洗乾淨的印象，在保留品牌的情況下，聯合利華股份有限公司（Unilever）不是以推出新產品品牌做為策略，而是以更新配方並結合品牌再造的方式，搭配品牌整合行銷傳播來強化新訊息的內容。這樣不但能保持多芬長久以來累積的品牌知名度，又能改變消費者的既有認知。（參考資訊：https://www.youtube.

com/watch?v=Oj_9aArlmU4）

過去品牌不論是產品及服務品牌認為的商業機密，或是組織品牌刻意保護的營運模式，在這樣的觀念中導致過去許多品牌經營的很神祕，不論是對外揭露的資訊、品牌的理念、故事及形象都讓消費者無法清楚了解。但現實是在品牌持續發展，甚至是進行品牌延伸及國際化時，若無法是的甚至盡量讓消費者及社會了解品牌的重要資訊時，便容易產生疑慮甚至無法建立真正的信任。運用品牌再造的機會從品牌由內而外的思考該讓消費者及社會了解品牌到什麼程度，以及重整接觸點的訊息與溝通，才能在這個更注重品牌與消費者對等溝通的時代，達到真正的關係建立與品牌忠誠。

品牌再造重點

- 您的品牌是否有規劃過品牌再造的步驟？
- 您的品牌是否希望透過品牌再造有更理想的業績成長？
- 您的品牌是否希望透過品牌再造得到更多消費者支持？

1-5

品牌管理
人才培育

在台灣的專業品牌經理人可以說是相當不容易培養，而要能夠成為獨當一面的品牌顧問更是困難。因為過去並沒有真正「品牌專業」的相關科系在進行人才的培育，更何況以台灣的品牌知識與認知多為從國外的書籍來引進，落實在產業當中是有很大的不同。而許多的組織並沒有獨立的品牌管理部門讓人才有所歷練。不少掛名為品牌經理的職位，卻可能只是產品經理或是一般行銷主管，那又如何能夠將具體的產業經驗及專業品牌管理知識做連結。

品牌管理成功的關鍵之一，在於是否建立完善的品牌管理單位，或是有合適的外部品牌管理人員。經營者的高度認可才能讓品牌管理對擁有足夠的資源，並授予足夠的職分和權力。透過品牌管理部門將品牌形象和品牌傳播一致性的進行有效的管理，也透過跨部門的溝通，以及和外部合作單位的連結，如廣告代理公司、公共關係公司甚至是數位行銷公司，將品牌相關元素確實的由內而外的傳播出去。

品牌管理部門大致可分以以下幾個層級：

- 「品牌戰略專案小組」：品牌最高層級負責人、各部門高階主管、外部顧問組成，負責整個組織品牌的發展方向和決策，以及重大產品及服務品牌的規劃與決策。
- 「品牌管理部門」：落實品牌戰略專案小組的決策，並具體的形成調查、企劃、溝通等實施項目與專案。定期評估品牌形象與品牌牌資產狀況。

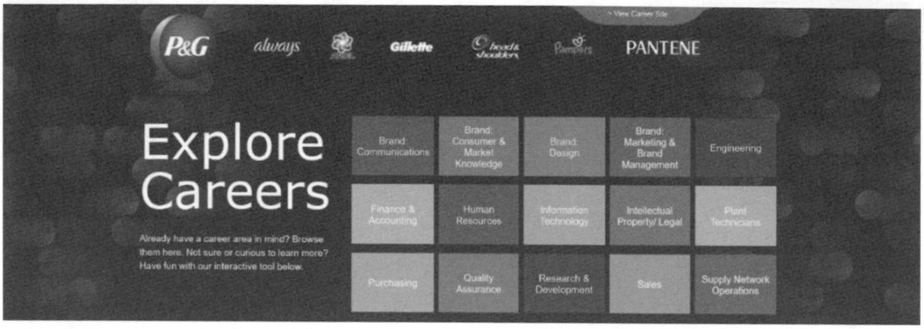

資料來源：http://pg-fit-tool.com

・「品牌經理」：針對所負責的品牌項目進行管理，包含品牌營運績效、內外部品牌監控、以及內外部單位溝通。組織品牌經理負責的項目為組織本身的品牌管理相關項目，必須定期向品牌戰略專案小組報告。產品及服務品牌經理部份工作項目可能與產品部或行銷部相關，需要清楚界定職權與分工方式。

對品牌有清楚認知的組織，通常會建立起一個獨立的組織來管理品牌，並承擔著品牌整體運作的全部責任。主要職責在於品牌的營運及整體管理，提出達到目標的策略並且整合相關單位。也有的組織品牌會以利潤中心制來規畫品牌專業人員的職務內容，透過跨部門的方式來經營產品品牌。

例如寶僑家品（P&G）在品牌網站上清楚說明了賦予在品牌相關部門上，包含了品牌傳播、消費者與市場知識管理、品牌設計、品牌行銷與管理。在對於專門的人才培養上，寶僑家品（P&G）更讓新進員工能從協助專業品牌管理人員中學習，經由對組織品牌的認同、產品品牌的熟悉，以及自身專業能力的提升，堅持維持品牌管理人員的專業性以及品牌的傳承。

品牌管理人員必須具有專業的品牌相關知識和經驗，以及產品專業、市場分析、消費者調查、整合行銷傳播等等因應品牌管理與行銷而需要了解的相關能力。甚至是商業營運、財務報表及商業模式等專業管理能力。但現實層面一般品牌要培養這樣的人才太困難，透過招聘則是人才稀缺。所以利用外部顧問的協助是相當重要的方式。

至於組織品牌是否可以只利用外部顧問來進行品牌管理，或是認為自己有了品牌管理人才就不需要外部顧問，這兩者都會發生一定問題。編制內的成員才能貫徹由上而下的策略和落實細節執行，外部顧問能從較高層次的角度以及整體環境變化來給予建議，當然前提是選擇合作的外部顧問具備這樣的高度視野和能力。

品牌知識工作者就是以品牌管理知識作為核心能力，透過實際操作、解說、教授、指導以及誘發，獲取相對報酬的工作人士。知識工作者也是有等級與層次之分，當然更有優劣與能力的差異。例如，一般重複介紹相同課程的產品講師是初階，能夠有個人風格又能介紹多面向產品的講師就是進階，而能創造新的知識內容且傳授的更是高階。產業層面的能力也是，具有多面向的品牌管理與輔導經驗的必須經過多方面的挑戰和嘗試，若只有特定產業面的則較適合深化經營管理與執行。

品牌再造重點

- 您的品牌是否有專門的品牌管理部門或職位？
- 您的品牌是否有品牌管理人才的培養機制？
- 您的是否可能將獨立的品牌管理部門納入品牌再造的一環？

範例

K組織品牌旗下產品品牌診斷例範例

旗下產品品牌盤點

- 各產品品牌類別盤點
- 各產品品牌功能及屬性盤點
- 各產品品牌形象及定位比較
- 各產品品牌消費者分析及重疊狀況

產品品牌問題診斷

- 系列產品品牌形象整合度不佳
- 各產品品牌價值不明確
- 消費者過度重疊

產品品牌問題解決方案

- 產品品牌刪減重整計畫
- 各系列品牌重定位
- K組織品牌價值提升策略
- 重整後主力產品品牌整合行銷傳播計畫

起程 //

品牌是從哪裡開始著手的？

大家都在談品牌，哪到底是什麼？
建立和再造品牌前先搞懂的核心概念！

CH 2

2-1

品牌的
基本概念

什麼是品牌？

這個問題可以說是想經營品牌的人最初的問題，但多數認為自己在建立品牌、經營品牌的組織及個人來說，可能都還是充滿不確定。但是在進行品牌再造之前，至少要先有品牌才行。但是擁有一個品牌並不困難，經營一個品牌才是關鍵。一個城市的首長選上了，或許他並不擁有這個城市，但他確實是這個城市的品牌最高負責人。

又或是一個愛貓人士為自己的愛貓取名叫「王紀嵐」，但若是建立一間公司推廣「王紀嵐」這個品牌，就必須仔細規劃。

「品牌」這個名詞在過去因為被誤解和誤用，所以很難說明為什麼要去經營品牌。組織本身是具體的，例如政府組織、企業組織或是非營利組織，但組織品牌則是指這個組織的外在呈現的結果。所以，組織品牌當然包含組織本身，但重點在於組織具像化的項目，例如品牌理念、品牌識別，以及差異化的項目，例如品牌定位、品牌傳播。

例如消費者熟悉的 LINE，APP 本身是商品品牌，組織品牌在日本的品牌名稱叫做連我株式會社（LINE 株式会社，LINE Corporation），在台灣登記的組織品牌名稱，也就是台灣分公司叫做「韓商連加股份有限公司」（LINE Plus Corporation，以 LINE Taiwan 為名作為對外溝通使用）。

資料來源：https://linecorp.com/zh-hant/

經過多方思考和以往經驗總結，筆者認為品牌定義應該是「組織、產品及服務及任何獨立個體等主體，透過具像化及差異化的過程，使消費者能認知的結果」。因此，品牌的主體可以是個人自己、有名字的寵物貓、一家咖啡店、一個晚會活動；也可以是一種洗髮精、一家公司、一個非營利組織甚是一個國家。這時選定要再造的品牌標的與範圍，就能夠更為明確。因此對於所謂的商品及服務品牌來說，消費者比較容易在購買的行為中，產生對品牌的實質支持行為。而組織品牌的評價則必須透過一定專業機構評估實際資產與無形價值才能確認判斷。

例如同樣是咖啡，第一個是產品，也是最廣泛的稱呼，所有用咖啡豆做出來的都是咖啡、第二個是特定產品，用一定比例的咖啡加上牛奶做成的叫做拿鐵咖啡。第三個則是被賦予了品牌的光環，是星巴克這個服務品牌的門市人員製作出的一杯拿鐵咖啡。

咖啡	
拿鐵咖啡	
星巴克拿鐵咖啡	

資料來源：圖片（網路）、表（作者繪製）

品牌的概念可以從三個層次來說明，第一個層次是組織品牌、第二個層次是商品及服務品牌，另位比較特殊的是個體品牌。事實上很多人經營多年品牌，仍然對於組織品牌與商品及服務品牌分不清楚。簡單的來說組織品牌包含了國家、城市、企業集團、單一公司，甚至非營利組織，重點在於這是是一個具體的組織實體。而商品品牌這包含了實體的店面、商品、服務甚至是一個特定的理念或節慶活動。筆者提出「品牌類別圖」，將品牌分為三大類，以及對應的

品牌類別圖

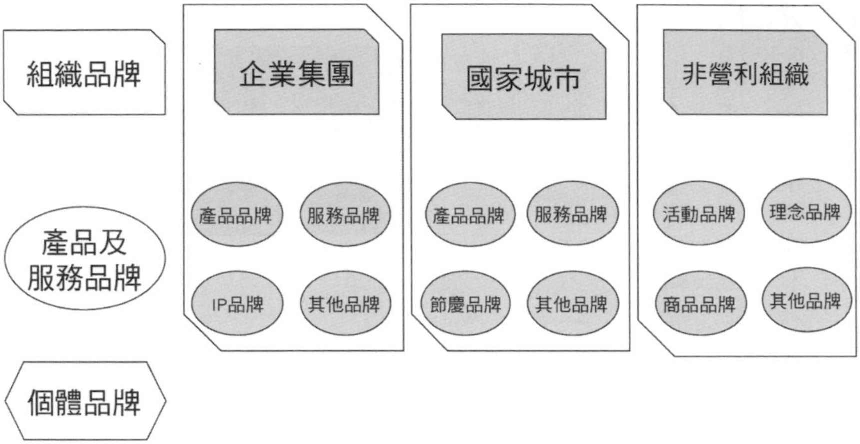

資料來源：作者繪製

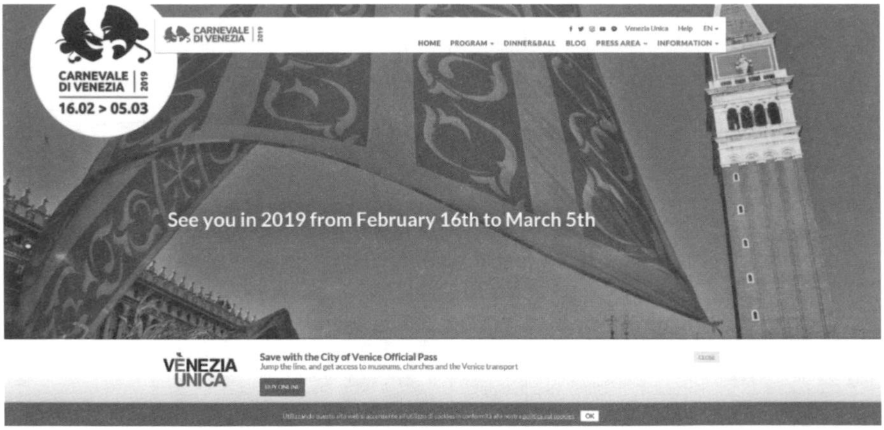

資料來源：http://www.carnevale.venezia.it/en/

次分類。

例如義大利威尼斯面具狂歡節（Carnevale di Venezia）的組織品牌是義大利國家品牌以及威尼斯城市品牌，經由長年的打造與推廣，面具狂歡節已經成為在節慶品牌中最具有代表性的之一。在台灣消費者選擇高價旅遊時，節慶品牌是相當重要的評估依據，甚至能帶動許多企業品牌的消費，以及增加城市品牌的品牌價值。

威尼斯這個城市品牌本身，除了面具狂歡節之外還有另一個知名的活動品牌就是雙年展。雙年展（Biennial）在奇數年（如2019、2017）為藝術雙年展，在偶數年（如2018、2016）為建築雙年展，並且從品牌形象來看，威尼斯透過活動品牌及節慶品牌的成功，更強化了消費者對它的品牌偏好。

大衛．奧格威（David Ogilvy）認為，「品牌是一種錯綜複雜的象徵，包含品牌屬性、名稱、包裝、價格、歷史聲譽、廣告方式的無形總和。美國行銷協會（AMA）則定義：品牌是名稱、術語、符號、象徵、設計或以上的組合。其目的在於

資料來源：https://www.veneziaunica.it/it

使他人容易辨認出特定的組織、產品與服務，並與競爭者的產品與服務有所差異。品牌同時也是因消費者對其使用的印象，以及自身的經驗而有所界定。」在建立品牌之前應該先釐清為什麼要建立這個品牌，以及在預設的品牌發展歷程當中希望的結果。因此當能夠清楚目標及結果之後，那發展品牌時中間所採取的方案，以及每一個不同階段要達成的階段，自然就比較容易被具體的擬定。

例如福斯傳媒集團（Fox Networks Group）旗下擁有眾多頻道，在台灣總共包含國家地理家族頻道、Star家族頻道、FOX系列頻道等三個家族頻道及其高畫質頻道，經營娛樂、運動、電影、紀實等各類型節目。對消費者來說收視的頻道是否為同一組織品牌或許沒有這麼清楚，但對於希望透過媒體進行整合行銷傳播的其他品牌，這樣龐大且完整的系列服務品牌就能產生較高的效益及訊息的一致。（參考資訊：https://www.fng.tw/about.php）

品牌不只是一個名稱更是有價值的資產，近年來越來越多的組織除了在經營的績效上投資也開始對於品牌建構和品牌形象願意投入資源。事實上以現在的消費市場來說，一個有價值的品牌不但是品質的保證，更是在對於消費者以及與其他合作夥伴相對具有保障的前提。同樣是做文創商品設計，有在經營品牌形象的設計師品牌比起單純只是產出文創作品的設計師品牌，更容易有通路業者願意上架販售。

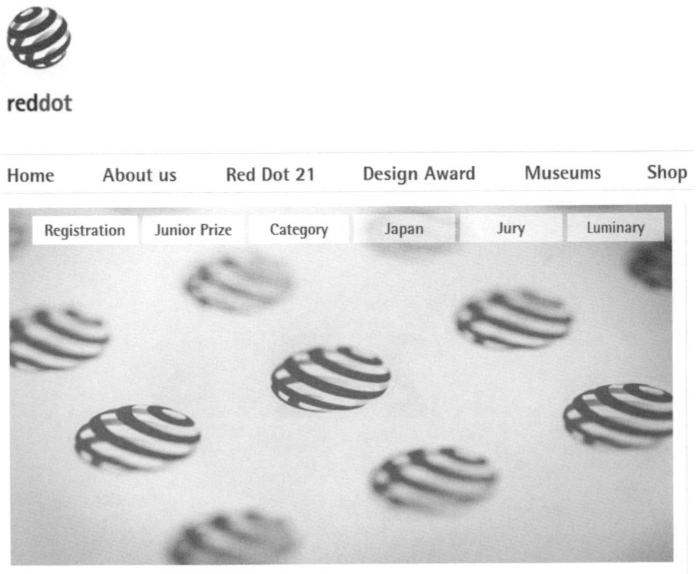

資料來源：https://en.red-dot.org

例如具有國際知名度的紅點設計獎（reddot），就是設計產業的知名活動品牌。不但得獎的設計能擁有一定的產業認同，也越來越多的消費者因為認識這個品牌，而願意付出較高的金額購買獲獎的商品品牌。

品牌再造重點

- 您是否清楚現在管理的品牌層級與類型？
- 您現在的組織品牌、服務及商品品牌，消費者是否都認識，認識的程度到哪裡？
- 您現在的服務及商品品牌是否有明確的專屬性品牌名稱？與組織品牌是否有所連結？

2-2

品牌的重要性

資料來源：https://www.greenpeace.org/taiwan/zh/

各種類型的品牌發展至今，有的產業當中的領導者透過品牌的經營，擁有龐大的資產。也有不少產品及服務品牌，因為長期塑造的品牌形象而擁有相當高的支持度。經營品牌必須投資，但投資的不是廠房設備或是技術研發，而是塑造及溝通品牌時的成本，包含專案人員的費用、設計、整合行銷傳播到教育訓練等，但這些投資卻讓有品牌與沒有品牌產生正向的差異。品牌的重要性可以從三個層面來看，第一個層面是從消費者的角度、第二個層面是從組織的角度、第三個層面這是從社會的角度。

例如非營利組織品牌「綠色和平」（GREENPEACE），是一個獨立的全球性環保組織。它的使命是保護地球環境與世界和平，致力於以實際行動推動積極的改變，為了維持公正性和獨立性，綠色和平不接受任何政府、企業或政治團體的資助，只接受個人和獨立基金的直接捐款。對樣非營利的品牌建立對於募款和行動有著相當明確的幫助，更讓全球消費者都能了解它的理念。

從消費者的角度來說，一個具有知名度的品牌能夠幫助在購買時簡化他的考慮時間及週期，因為存在基本的信任就能更進一步地產生忠誠度。消費者也可能會因為品牌投射出的形象或是外在的行銷而對其與自身的連結產生偏好。同時也因為品牌是可以被檢視的，所以許多消費者也會先選擇知名並且有口碑的品牌做為購買的首選。

例如，眾多的國際節慶活動中，2017 年慕尼黑啤酒節（Munich Oktoberfest）是消

資料來源：https://www.oktoberfest.de/en/

費者的首選之一。官方估計有620萬人參觀了慕尼黑啤酒節，其中包括在威德森的480.000位客人。也在184年的歲月後，成為最價值的活動品牌之一

從組織的角度來說，擁有品牌可以增加資產價值，並且不論是組織、商品或服務都能清楚的被識別，投資者則可以更明確的支持並持續資金投入。有價值的研究以及基礎的建設經由品牌的建立，在維持品牌價值的同時也可以去發展更多面向的延伸性商品及創新服務。以長遠的角度來看，組織本身可能改組、創辦人可能會離開、產品及服務會隨著時代而有所改變，但唯有品牌的建立才能長久的存在。

例如萊雅集團（L'Oréal S.A.）擁有一百多年歷史，旗下擁有龐大的產品品牌，分別是美妝事業部、消費用品事業部、醫學美容事業部及專業沙龍美髮事業部。由科學家所創辦的萊雅集團，認為美麗是一種科學，致力於持續的研發來滿足消費者。所以擁有高知名度的集團品牌也在投資市場上獲得投資者的支持，也為品牌帶來相當高的品牌資產。（參考資訊：http://www.loreal-finance.com/eng）

從社會的角度來看，越高度發展品牌的組織應該越能肩負社會責任的使命。當這個品牌能在就業或社會服務甚至環保等等面向，位整體社會盡一份心，不但能幫助社會環境更好，也能提升品牌的形象與價值。越來越多的品牌開始在社會責任上投入，也有許多消費者在選擇品牌時會考慮品牌對整體社會上的付出。甚至有的品牌以完全服務社會作為品牌的理念。

IKEA
找產品
找空間
找新品及優惠
找靈感
關懷人群．維護地球： 永續發展的居家生活 | 善用能源與資源 | 群眾與人道關懷
關懷人群．維護地球
永續發展的未來
什麼是永續經營
IKEA的理想是為大多數人創造更美好的生活．所以除了提供各項實用兼具設計感的IKEA商品之外．我們同樣重視IKEA之於環境以及社會的責任。
對IKEA來說．永續經營意謂著想幫世界變得更好．關心人類與我們所居住的地球．還有幫助貧困的孩子及創造再生的能源等。
我們的員工、供應商及合作夥伴．長久以來對於永續發展的努力不曾中斷．你可以從我們創新的環保商品及營運方式等．看到這些努力的成果。IKEA邀請你一同加入我們的行列．只要每個人做些小改變．就能累積出驚人的成果。 我們深信「小行動可以創造大不同」！

資料來源：https://www.ikea.com/ms/zh_TW/about-the-ikea-group/people-and-planet/

CORNING
關於康寧
工作在康寧
我們的據點
康寧暑期實習計畫
Careers
來自夥伴導師的支持
網路研討會
綻放光芒——實習成果發表

資料來源：https://www.corning.com/careers/tw/zh_tw/careers/We-are-Corning.html

例如ＩＫＥＡ宜家家居這個品牌就對於能關懷人群、維護地球這樣高層次的社會需求願意盡一份心。對ＩＫＥＡ來說，永續經營意謂著想幫世界變得更好，關心人類與我們所居住的地球，還有幫助貧困的孩子及創造再生的能源等。因此在ＩＫＥＡ的品牌理念中想為大多數人創造更美好的生活，所以除了提供各項實用兼具設計感的ＩＫＥＡ商品之外，同樣重視對於環境以及社會的責任。或許很多品牌也有這樣的理想，但品牌擁有的資源和影響力是有所差異的，越擁有資源的品牌就越能夠容易達成目標。

在某些產業，由於產品差異幾乎不存在，在消費者的認知中，品牌是一個抽象的概念，尤其同一類型的產品若沒有明顯的功能或設計，品牌就只是淺層的認知判斷，因此品牌塑造的重要性就更明確了。品牌必須透過更多與產品及服務的功能之外的元素來跟消費者加以連結，例如經營者的正面形象、品牌代言人、品牌象徵物的互動建立關係，或是獨特的品牌廣告及公關活動，甚至是社會責任的實踐計畫推動。

例如康寧股份有限公司（Corning Incorporated）製造了用於燈泡、電視顯像管以及廚房用具，開發出陶瓷載體、光纖和連接解決方案、有源矩陣液晶顯示器玻璃及保護玻璃。這樣的Ｂ2Ｂ品牌則更透過實習計畫，給予實習生跟康寧股份有限公司的同事、及主管一同完成專案，獲取寶貴的實踐經驗。不但強化消費者對品牌的認識，更為品牌之後的人才培育做準備。

Ｂ2Ｂ的品牌通常組織品牌的效益大於產品及服務品牌，所以很多人會誤會Ｂ2Ｂ沒有

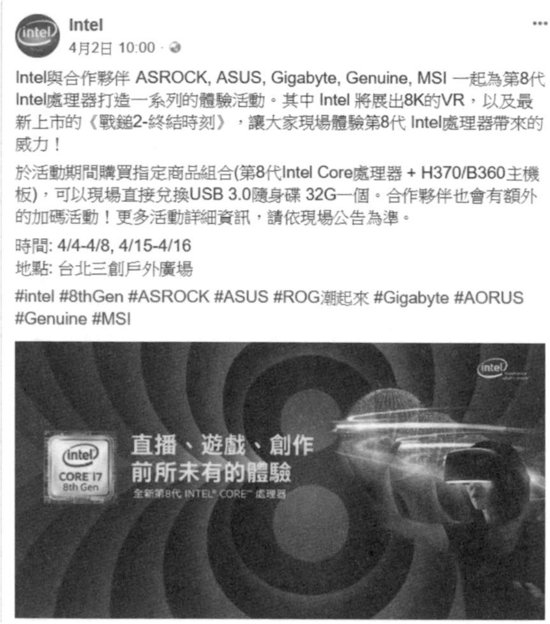
Intel
4月2日 10:00

Intel與合作夥伴 ASROCK, ASUS, Gigabyte, Genuine, MSI 一起為第8代Intel處理器打造一系列的體驗活動。其中 Intel 將展出8K的VR，以及最新上市的《戰鎚2-終結時刻》，讓大家現場體驗第8代 Intel處理器帶來的威力！

於活動期間購買指定商品組合(第8代Intel Core處理器 + H370/B360主機板)，可以現場直接兌換USB 3.0隨身碟 32G一個。合作夥伴也會有額外的加碼活動！更多活動詳細資訊，請依現場公告為準。

時間: 4/4-4/8, 4/15-4/16
地點: 台北三創戶外廣場

#intel #8thGen #ASROCK #ASUS #ROG潮起來 #Gigabyte #AORUS #Genuine #MSI

資料來源：https://www.facebook.com/IntelTaiwan/

特別做品牌溝通。但事實上B2B的組織品牌必須擁有品牌該有的元素，從品牌文化、品牌理念到品牌識別、品牌整合行銷傳播等，只是在消費者的這個角色是其他的組織品牌。而且越來越多的B2B品牌甚至品牌溝通也會延伸到B2B2C，結合其他的品牌一起增加消費者的支持與認同。

例如Intel英特爾公司的主要客戶是其他電子相關公司，也有少部分直接消費者可以購買。透過與合作廠商夥伴ASROCK, ASUS, Gigabyte, Genuine, MSI共同舉辦體驗行銷活動一起為第8代Intel處理器提升品牌知名度。其中Intel在實體活動中運用VR的技術讓消費者能了解產品的功能並透過商品組合的合作方式強化消費者對於品牌的認同。

品牌再造重點

- 您的品牌現在於對於消費者及社會是否重要？
- 您的品牌是否為內部成員、產品及服務的提供帶來實質的利益？

2-3

品牌再造
策略

要進行品牌再造之前，就要先釐清品牌再造的層次及面向。若是組織品牌出現問題，就必須從品牌理念，品牌文化甚至品牌形象、品牌識別元素來著手。但組織品牌再造並不完全等於企業再或是城市再造。

進一步來說，當品牌有明確主體性時，就如同人的思想、靈魂和外在。而組織再造時可能再解決的是營運模式、組織結構甚至是人員及財務的調整。產品在及服務品牌再造也是一樣，若是產品品質不佳，改善研發或配方則是產品本身的再造，服務的方式或流程有問題，重新調整人員訓練、動線及空間安排，就是服務本身的再造。

當組織品牌必須再造成功時，自然是要由思想到外在都重新調整，在若是賦予品牌本身太過重大的使命，失敗的機率極高。有時企業組織再造不一定會讓消費者知道，只是內部的調整或改變，但當企業品牌進行再造時，最後對外可被看見的外顯形象，以及內在的中心思想，都會透過接觸點讓消費者知道。

但產品及服務因為直接影響消費者購買及使用，所以通常會將品牌再造當作主要訴求。最明顯的就是，若調整了產品成分卻沒有在品牌識別上顯露差異性，甚至可能導致危機，但相同的成分配方只是在品牌識別元素和整合行銷傳播重新跟消費者溝通，不但是維持了產品本身的經典性，更持續塑造了耳目一新的品牌形象。

品牌與消費者之間建立的關係，是品牌管理的主要策略之一。品牌本身的內涵和消費者的認知，就成了品牌再造前最需要先釐清的項目。筆者將品牌建立時從內到外的主要元素，以及消費者對品牌的價值認知，整合成「品牌營運與價值全貌圖」。

品牌是有不同階段的成長與改變需求，品牌剛成立時依靠創辦團隊的全心投入，也可以說是品牌理念最堅定的時候，但也常常只求生存而無法顧全大局。品牌逐漸在市場有能見度，接觸點也越來越廣時，就必須系統性的管理，也必須思考品牌文化的發展。但有些市場的競爭與變化相當激烈，此時組織品牌與產品及服務品牌之間也必須同時對消費者與社會溝通。

有時順利的話，經過完整的品牌整合行銷溝通及接觸點經營，能在設定好的品牌定位

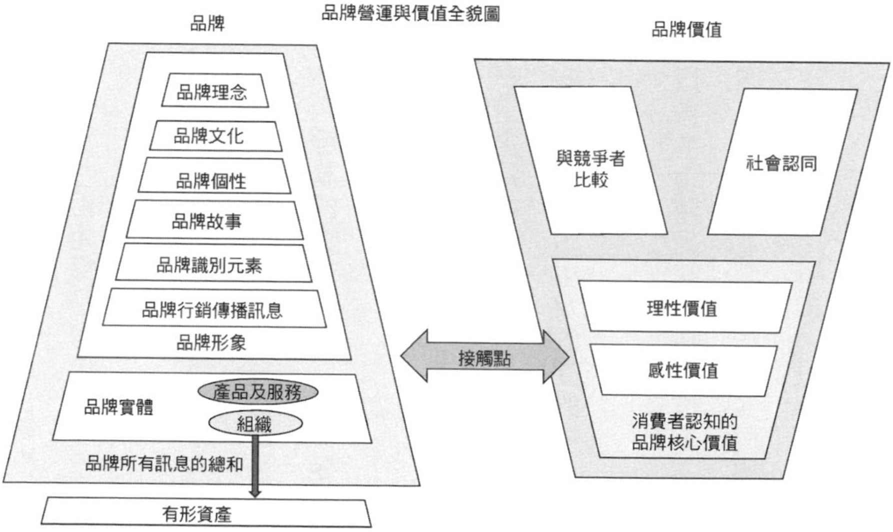

資料來源：作者繪製

位置佔有一席之地，但現實層面是遇到危機時必須進行品牌再造。對組織品牌來說，新產品及新服務品牌的推出、內部的成本調整甚至選擇不同的國際市場發展都是策略之一。對產品及服務來說，更新品牌識別元素、品牌重定位以及重塑品牌形象則是常見的品牌再造方式。

釐清品牌從建立到必須再造時的種種考量，筆者將整個品牌再造的策略，整合成「品牌再造十字架」，從品牌盤點到重整時的主要項目，最後落實在品牌再造的具體方向。

品牌到底該發展的多大、該擁有多高的知名度，甚至該極大化還是謹守一方，這個問題必不是絕對。但對品牌而言，從經營者到基層成員都無法給予單一答案。此時，每一次的品牌再造策略都是一次前進及重生的機會。像中國、美國甚至俄國，若是從國家品牌的角度

品牌再造十字架

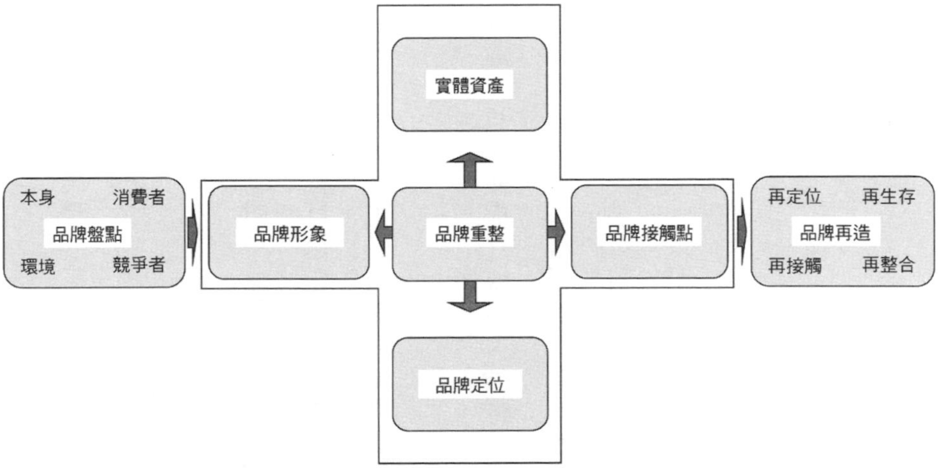

資料來源：作者繪製

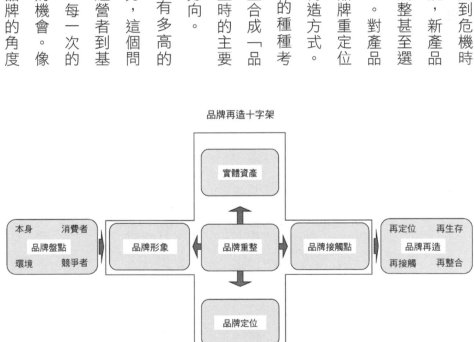

就以成為領導國家品牌為品牌理念。領導國家品牌對國家經濟、城市發展甚至企業品牌都起了領頭羊的效益。

但是品牌再造策略必須要決定之後的發展，透過再造強化品牌內部資源、使品牌價值充分提升，發揮最大的效益。若是決定要成為或維持領導品牌，不但要考慮持續發展品牌延伸、兼併收購了非主要的競爭品牌，甚至在一定條件下與不同領域的品牌相互合作。另一個角度，領導品牌還必須能肩負特定領域的發展使命，像是有代表性的節慶品牌也必須能帶動其他相互合作的節慶品牌一起發展。

有時品牌所處的領域發展並不是一帆風順，甚至是遲遲沒有明顯提升成長，品牌再造策略的目的甚至要讓品牌的願景、理念都有更高層次的提升。當有領導品牌穩定發展時，一方面可以帶動產業，另一方面更能吸引人才投入，更能讓消費者更多關注。例如許多傳統產業的品牌再造讓消費者重新關注，轉型觀光工廠後更增加了新的人才投入就業。而若是有極具代表性的品牌成功再造，就更能讓產業形成氣候。筆者在此提出「領導品牌再造策略發展圖」，經由多面向的品牌再造，來達成品牌更強大、更有價值及使命的發展成果。

領導品牌再造策略發展圖

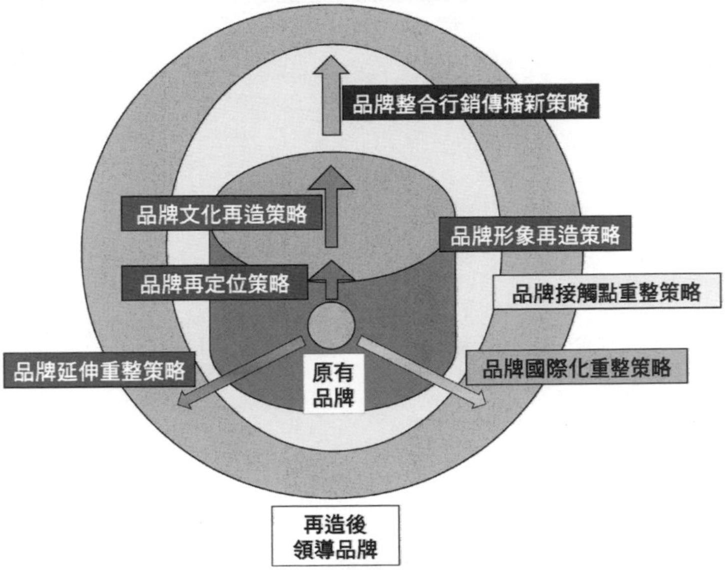

資料來源：作者繪製

2-4

品牌
市場調查

品牌市場調查的重點在於從品牌當作主體，透過消費者的認知來了解現有品牌的偏好或認知。在調查的面向當中，更多的可能是必須從已經存在的品牌元素來提取，或是從競爭品牌間彼此比較才能判斷分析。若是尚未進入市場的新品牌，更可以從品牌市場調查的結果作為調整品牌建構的元素，例如視覺設計的風格或是整合行銷傳播的策略。

然而終究品牌必須與實體商品與服務連結，故整體環境與市場的調查仍然需要一併做為參考。品牌市場調查時應該解讀的資料包含以下面向：

- 市場調查資料：各機關或研究機構所發佈之過去分析及未來預測
- 品牌內部資料：過去品牌實質發展狀況、內部成員品牌認知分析
- 專家、合作夥伴或消費者所回應的資料
- 競爭者品牌現況分析
- 消費者調查相關情報

例如媒體策略暨廣告公司 Havas Group 發布了 2017 年的「有意義品牌分析報告」，當中提到有高達 84% 的消費者，期望品牌提供的內容包含娛樂性、故事性、問題的解決方案、經驗創造與舉辦活動等等。但是從消費者正在使用的品牌中，有 74% 的品牌就算消失也不會

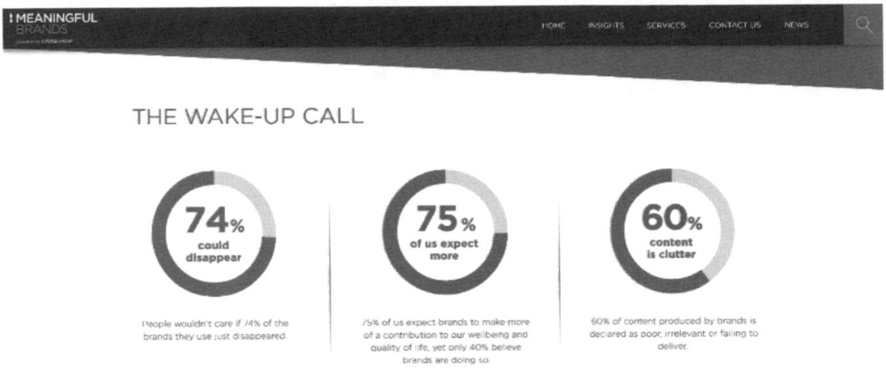

資料來源：http://www.meaningful-brands.com/en

有人在意。另外在整體市場中，有 75% 的消費者會期望品牌給予額外的幸福感與生活品質，但只有 40% 的品牌有在進行這樣的行銷活動。而品牌產製的內容中，有 60% 被認為是貧乏、不重要或沒有切中要點。

在品牌的建立到維持品牌營運的過程中，市場調查與可以說是一項最基本的工具，不但作為環境監測及決策輔佐，更能讓品牌清出自己現在所處的環境與情況。市場調查的面向包含環境探討與趨勢、市場特性、市場規模與範圍、消費者區隔以及競爭者分析。不只整體市場需要調查，特定品牌準備進入的區隔市場更是調查的重點。

例如「消費者報導」（Consumer Reports）針對訂戶進行 2017 年度的汽車可靠度調查，

排名冠軍的是豐田（Toyota），同時該公司的凌志（Lexus）名列第二，接下來是起亞（Kia）、奧迪（Audi）和寶馬（BMW）。（參考資訊：https://udn.com/news/story/6811/2768943）

消費者分析是針對消費者過去品牌的接觸、購買及使用購買歷程中，所產生的生理行為及心理認知來做分析，包括購買動機、決策模式、使用需求甚至拒絕購買原因等。例如消費者購買頻率、金額、次數、產品或服務使用後的滿意度。調查分析內容包含：消費者對品牌的瞭解程度、與競爭手比較的差異性、以及選擇品牌的原因。

例如：日本（にっぽんこく）這個國家品牌希望吸引台灣的民眾前往觀光，就必須調查台灣的消費能力、民眾旅遊習慣及消費金額、是否有其他類似的城市品牌也是台灣民眾的旅遊選擇，甚至必須更進一步鎖定東南亞的各國首都來進行更深度的市場調查。（參考資訊：https://udn.com/news/story/7270/2891058）

對於品牌來說，只有靠消費者的支持與購買才能維持。但是消費行為不只是末端的購買者，還有包含組織對組織的採購者、社會環境當中的利害關係人。對消費者來說，心理層面的品牌影響和實質的產品及服務滿足都會產生不一樣的購買與偏好結果，但是消費者本來就有很多元的面向，究竟是品牌的效益大還是產品及服務的實質內容重要，可以從以下幾個層面來分析：

・產業內提供的產品或服務沒有明顯的品質落差，品牌效應則會產生整體性影響。

・有明顯的品質落差，品牌效應對高品質的產品及服務有較為明顯的影響。

例如以包裝茶為例，前15名的產品品牌，有6名是統一集團旗下的品牌、可口可樂2名、維他露2名、立頓、愛之味、阿薩姆、生活、KIRIN各1。以排名來看消費者受品牌形象影響的層面相當高，若以購買率來看，這15名的購買率在26-10%並出現所謂絕對性的產品領導品牌，但若是以組織品牌來看，統一集團的品牌形象及產品品牌確實對消費者產生影響。

相較於整體市場動態分析以及消費者分析，競爭者分析在市場調查中相對需要保守，因為過度去針對未公開資料取得很有可能演變

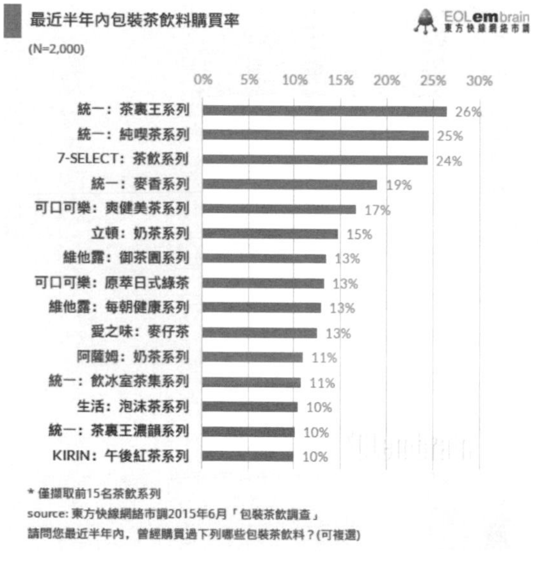

資料來源：http://www.eolembrain.com.tw/Latest_View.aspx?SelectID=420

成法律糾紛。雖然像通路品牌會有各家供應商實際的銷售金額，或是部分組織品牌有經營社群的網路支持者公開資訊，但用不當方式去取得或分析資料（甚至非法），都不是一個具有社會責任的品牌該做的。有時競爭者會有公開的財務報表、市場占比等資訊，此時最重要的是針對其策略加以研判未來可能發展來因應。或是針對現有或潛在競爭者的整合行銷策略來檢視，做為強化自身溝通的參考，都是比較合理的競爭者市場調查方向。

品牌再造重點

- 您的品牌是否有自行做過品牌在市場現況調查？
- 您的品牌是否有做消費者使用行為分析調查且持續進行？
- 您的品牌與競爭者之間是否有常態的監測與比較分析？

2-5

品牌
再定位

「品牌定位是比較出來的！」品牌定位是指品牌在文化及形象運用的差異化決策，有效的品牌定位必須達到差異化，但要達到差異化的前提，是必須先與競爭者比較，以及將消費者區隔。從競爭者比較來看，只要領導品牌沒有絕對優勢及市占率，以及市場尚未完全飽和，都有機會透過品牌定位找到自身的存在位置。若是以消費者區隔來看，以現在的台灣市場環境，幾乎是不存在大眾化行銷的可能。但是不論是產品品牌還是服務品牌，過度的細分市場也可能導致支撐品牌生存的消費者群體數量無法養活品牌。

例如旅遊品牌 Booking.com 調查 2018 年 10 大新興旅遊城市，針對 Booking.com 上，2016 年 9 月至 2017 年 9 月訂單年增率最高的地點並結合問卷調查過去 12 個月曾旅

資料來源：https://news.booking.com/Booking-com 公布 - 年 - 大新興旅遊城市 -/

遊，或是預計在未來 12 個月內出門旅遊的成年旅客。調查結果顯示，消費者的旅遊需求明顯不同，享受陽光的海灘假期、充滿歷史文化的城市小旅行、或是滿足味蕾的美食之旅都各有消費者偏好。入圍的台東擁有自然山林、溫泉、寺廟及海上活動等觀光特色，成為 2018 年 10 大新興旅遊城市之一。

競爭者比較時，比較的範圍和項目就影響了品牌自身的位置判斷。常見的組織品牌競爭者比較，包含品牌發展背景、品牌理念及文化、組織營運能力、旗下品牌的產業種類及產業型態、品牌形象及品牌價值。而比較產品及服務品牌時，則是品牌的銷售量、品牌市佔率、品牌核心能力、品牌形象及品牌價值。此時的品牌再造策略可從與競爭者比較後，適度

資料來源：http://news.ltn.com.tw/news/business/breakingnews/2378931

的判斷較長期的產業發展與對應的品牌新定位，並提出防衛與主動出擊的品牌行銷播策略，常見的設下高強度的品牌正面形象，拉開後續競爭者的品牌接近度。

例如：2018年全球平板電腦出貨量，市場研究機構 TrendForce 預測約 1.517 億台，蘋果 iPad 市佔率 28% 全球第一。全球前五大平板品牌，依市佔率排名分別是蘋果、三星（15.8%）、亞馬遜（9.6%）、華為（8.2%）、聯想（5.9%），台灣的華碩與宏碁則在 5 名之外。

「消費者區隔」是指將消費者劃分成不同的群體，各群體具有相似的消費行為和需求。最常見的是以基本人口統計資料來區隔，包含年齡、性別、職業、收入、家庭組成、種族，以及社會階層。另外也有從地理環境來看，例如城市與鄉村、溫度氣候或是城市交通網路等等區分方式。品牌的存在本身就存在了一定程度的心理因素，所以消費者的心理層面分析與差異就成了品牌定位時更有價值的參考資料。包含了生活風格及動機與滿足的心理學應用。應用消費者區隔的品牌再造策略，則常常著重在更深度的瞭解員有支持者的心理及行為層面，並持續強化品牌形象與個性的塑造與連結。也可找出尚未被滿足的消費者來作為品牌延伸時的目標對象。

例如根據《ETtoday 新聞雲》調查結果顯示，台灣的汽車市場現行的市占率、消費者偏好部分，日系車廠 TOYOTA 分別有 25.3%、20.0%，排名第一名；但是在消費者認知的品質及印象偏好方面，BMW 分別以 54.5%、46.7% 以上的高指標勝出。相當程度可以判斷，品牌形象的塑造對於品牌定位有相當明顯的影響。（參考資訊：https://www.ettoday.net/news/20180328/1139238.htm）

品牌再定位前，必須具體的先將現有的主要消費者分成數個群體，並具體的將其形態面貌透過質量化分析之後描繪出來，不論是針對原有的族群強化溝通，還是增加或調整消費者族群，都必須不斷對應品牌長期發展的策略方向與方向。對應品牌的原有定位與再定位，可以從以下層面來檢視並做為決策參考。

- 消費者是否了解品牌的具體形象
- 品牌在消費者心中的感受及共鳴
- 使用品牌的消費者是如何看待自己的形象
- 消費者之間如何看待使用品牌
- 消費者使用品牌和使用其他主要競爭品牌的感性價值差異

在品牌再定位的時候需要考慮兩個方面的因素：品牌是否有獨特的品牌核心價值來滿足消費者，以及是否能與品牌形象相對應。品牌再定未的步驟，可以先從消費者的認知瞭解品牌現在所處的市場位置，以及衡量競爭者的所在位置，再針對定位後的現在及潛在消費者確認及描述輪廓，最後品牌就可以依照新的品牌定位來發展後續跟市場溝通的方案。根據此概念及結合雙十字定位圖，筆者提出「品牌再定位動態競爭圖」，概念如下：

例如在汽車市場中，同產品品牌的電動車的價格通常較高，部分品牌甚至專門為電動車產品成立獨立的子品牌。但Škoda的電動車並不建立新產品子品牌，而是與既有車系結合，成為產品線中的一環，並將延續目前的品牌形象，設定為平價、實用的方向。這樣的品牌再定位策略能讓消費者認為，Škoda的電動車還是原來品牌的一部分，但是因為維持原有價格策略，反而整體提升了品牌核心價值，甚至會增加既有消費者的品牌忠誠。參考資

品牌再定位動態競爭圖

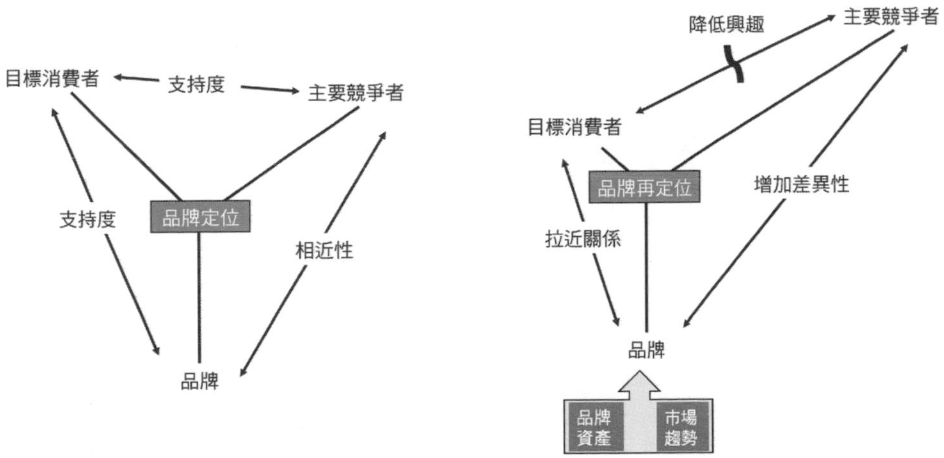

資料來源：作者繪製

訊：https://www.kingautos.net/163081

品牌再造重點

- 您現在的品牌在國內外的品牌定位如何？
- 您現在的品牌定位是否具競爭力？
- 您現在的品牌定位在消費者心中的角色是什麼？

範例

K城市品牌旗下活動及節慶品牌再定位策略分析報告參考架構

整體市場分析

- 國際旅遊市場發展與趨勢分析
- 競爭城市現況說明

・旅遊消費者需求發展可能性

K城市品牌戰略定調

K城市品牌旗下活動及節慶品牌定位及分析

・旅遊人次

・觀光客來源國

・平均消費金額

・品牌形象

・品牌核心價值

・品牌定位圖

K城市品牌旗下活動及節慶品牌再定位策略說明

・K1、K2、K3活動及節慶品牌定位維持

・K4節慶品牌定位調整

・K5活動品牌停辦

範例

K品牌再造研究策略分析報告參考架構

調查方式說明

・市場次級資料收集
・定性研究：焦點座談會、消費者深度訪問．
・訪談調查樣本說明：經營層、中層主管、經銷商、通路商

市場分析

・市場規模
・近3年市場發展情況

組織品牌現況調查分析

・組織品牌市場偏好度
・組織品牌知名度（現在／潛在消費者）
・組織品牌理念／文化／個性認知

調查問題設計

・消費者認識組織品牌的時間

・消費者認知的組織品牌優缺點

・消費者認知的組織品牌的產品及服務品牌、通路及銷售現況

品牌形象分析

・K組織品牌與競爭者J組織品牌比較

・K-1商品品牌與競爭者J-1商品品牌比較

・K-2商品品牌消費者形象與J-2商品品牌消費者形象比較

品牌現況問題確認

再定位策略分析

再定位的改變策略建議

・品牌價值改善策略

・品牌文化再溝通策略

・品牌個性調整策略

・品牌整合行銷傳播計畫

靈魂 //

那些看不到卻又如此重要的元素

當品牌是一個人該怎麼評價？
是先有理想還是先說故事？

CH3

3-1

所謂的「品牌價值」

對多數經營品牌的人來說，品牌價值是代表的是整個品牌擁有的價值。

品牌價值是指品牌有形資產加上無形形象總和，對消費者的價值就是品牌核心價值。也就是指消費者除了實際擁有的產品和服務之外，其他所有品牌累積出來的訊息總和。但是品牌價值除了消費者的認知之外，還要跟競爭者比較以及社會認同。所以當品牌價值越高，消費者就會覺得擁有該品牌越有價值。

提升品牌價值必須先檢視品牌本身是否有獨特之處，並且確認是運用那些品牌元素來跟消費者溝通。當希望提升品牌價值時就必須先讓消費者願意進行情感連結，並同時在品牌內部形成共識。因此品牌一部分的努力就是要持續了解消費者的日新月異的需求與欲望，並透過行銷方案來滿足或超越消費者期望。但同時內部也必須進行品牌管理，確保品牌相關成員與合作夥伴都能清楚地了解品牌的理念及文化，以及如何將訊息傳遞給消費者並且經過溝通讓消費者認同。

例如 Capgemini 凱捷集團在 50 週年這個里程碑更新品牌識別

資料來源：https://www.capgemini.com/our-company/our-brand/

元素，希望體現出品牌形象的人性化和創新性。Capgemini是主要以B2B為主的諮詢和信息服務公司，但當服務與人員擴張到一定程度時，原有的品牌形象有些跟不上品牌的發展和品牌核心價值，也就是活力、精準度和人員。透過品牌再造希望由內而外的重新讓員工、消費者及未來希望招募的人才都能充新認識品牌。

品牌價值的提升或衰退與否，和消費者所感受到的實質產品與服務品質結果有關，但也可以透過行銷傳播溝通，增加消費者對其他品牌元素的認知。尤其是當相類似的產品或服務幾乎沒有差異性，而市場中競爭者環伺時，累積越高的品牌價值能讓消費者對競爭者較無興趣。甚至當發生品牌危機時，也較不易傷害消費者信心。

比較特殊的是，擁有較高品牌價值的品牌，當消費者面對漲價反彈較小，例如星巴克的咖啡不定期的小漲價，但多數消費者仍能容忍，但街邊的雞排店卻因為漲價明顯生意變差。對組織品牌來說，也同樣較容易取得商業合作的機會或通路（供應商）的支持。甚至在品牌進行延伸擴張時，也能將低失敗機率。只是品牌價值的維持也包含了競爭者比較與社會認同，不論是漲價還是其它會影響甚至破壞品牌價值的策略都必須謹慎。

擁有較高的品牌價值能讓品牌成為消費者理想實踐的一部分，所以消費者在自我實踐與滿足的同時，就可能願意付出較高的金錢購買品牌形象維持一定高度，甚至未來有增加價值可能性的產品及服務。甚至就算消費者因為現實考量沒有完成購買，但是對心目中品牌價值較高的品牌也會用其他方式支持，例如行銷訊息分享或是鼓勵其他消費者支持該品牌。

例如「Star Wars 星際大戰」這個文化創意品牌，電影第 8 部《星際大戰：最後的絕地武士》（Star Wars: The Last Jedi）北美票房估計超過 5.35 億美元（160.2 億台幣），成為北美全年票房冠軍，在台灣也有擁有相當多的支持者。消費者除了觀看電影外，也願意購買周邊商品以及收藏，作為品牌的支持者，自然對擁有品牌的迪士尼集團創造了更多的有形收益。

累積品牌價值的方式通常需要先確認具有較高貢獻的消費者，透過實質的購買行為和外在的消費者關係管理，持續累積與消費者的關聯。並且適度的調整品牌發展策略來深化滿足消費者。但也必須持續關注尚未支持品牌的消費者，經由新產品及服務品牌延伸或適度調整品牌定位，再經由整合行銷傳播計畫達成消費者的肯定。

例如 Marvel 漫威公司的英雄品牌不論是電影或是周邊都相當受到歡迎，但仍然持續開發新的品牌來滿足未被開發市場的消費者需要。當黑人英雄黑豹推出後全球已收超過 10 億美元，成為電影史上第 33 部過 10 億美元票房的作品，黑豹以非洲文化作背景取得重大成功，也為為 Marvel 公司在市場上擁有更高市佔率，更在跟競爭者的比較上獲得更多的消費者支持與更高的品牌價值。

台灣的企業品牌再造標的之一，就是以相同的標準跟世界接軌，當中通常是依據

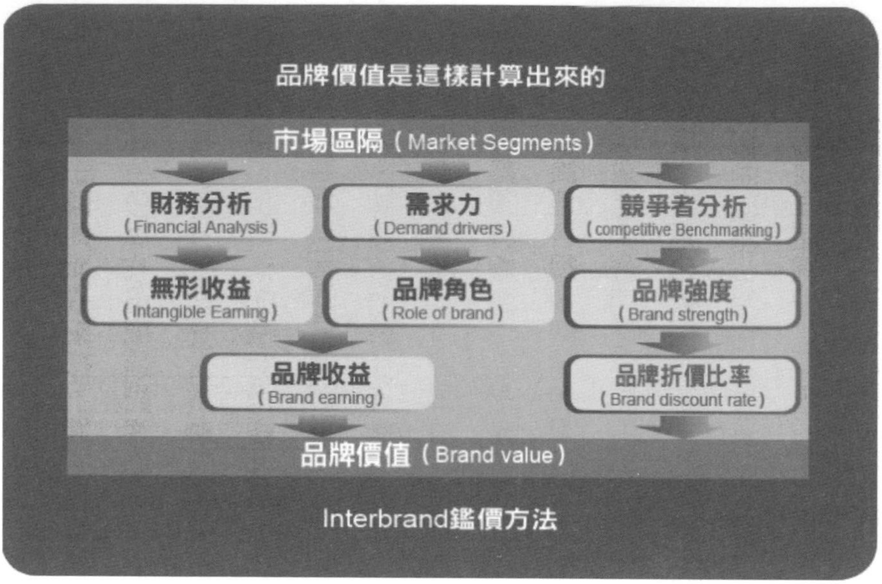

資料來源：https://www.branding-taiwan.tw/brand_survey/

Interbrand 品牌顧問公司的標準，但此指標是以企業品牌鑑價為主。但若今天台灣要發展觀光業的城市品牌，或是非營利組織品牌均不在此列。

英國 Brand Finance 品牌顧問公司發布 2017 年全球百大國家品牌年度報告，其中美國蟬聯最有價值國家品牌冠軍，品牌價值達到 21.1 兆美元。第 2 名則是大陸，品牌價值從去年 7 兆大幅攀升至 10.2 兆，年增 44%，而台灣國家品牌價值從去年的 28 名進步到第 20 名，品牌價值達 6,250 億美元，較去年的 4,690 億美元增長 33%。前 20 名當中大半數屬於泛美歐文化體系，而亞洲則是除了中國及台灣之外另有日韓體系。（參考資訊 http://brandfinance.com/knowledge-centre/

reports/brand-finance-nation-brands-2017/）

對照世界百大品牌的結果並不意外，因為國家品牌正是文化輸出最上端的一層，越期望自己的國家不論是企業、觀光還是公益品牌能走向世界，不應該只是一昧的學習別的品牌或裝扮的像另外一種文化。事實上有參考指標雖然好，但更多的新時代品牌概念都應該發展不同的價值評估指標，以及品牌再造的價值判斷，只能待後續產官學界一起努力發展，讓台灣各個層面的品牌都能更有價值。

例如日本從 2009 年開始傾全國之力，逐步成立專法並建立「Cool Japan Fund Inc.」酷日本基金來推動以及支持日本優秀產品和服務在海外的需求發展。包含媒體、食品、服務、時尚和創意產業等領域的企業提供風險資本，以實現日本品牌的產業化及國際化。

對日本品牌的增長戰略和「酷日本」的政策

- 日本要實現經濟動態增長，並對社會產生明顯的差異，日本企業必須積極擴大並佔領海外市場
- 日本政府現在通過開發利用日本文化和生活方式所蘊含的獨特附加價值的企業來增加入站和出站需求。

Cool Japan Fund 的使命

- 以日本對世界的吸引力：酷日本基金的核心任務是將日本文化和生活方式衍生的企業的

海外需求商業化。透過提供風險資本實現核心任務，目標是創建最終有助於私營企業單獨進行業務持續發展的平台。

- 創建成功的商業模式：透過支持新市場的業務發展並推動創新商業模式和其他措施，創建「成功模式」。
- 推動傳播日本品牌：積極推動成功模式在其他企業和行業的採用，促進海外進一步擴張，並幫助傳播日本品牌的整體吸引力

（參考資訊： https://www.cj-fund.co.jp/en/）

3-2

品牌的「核心價值」

通常對消費者來說，只購買產品及服務本身比較是容易的選擇，但是要購買特定品牌，尤其是相對陌生的新創品牌，或是台灣過去雖然經營許久但已被淡忘的品牌就相對困難。尤其是若消費者已經對國外品牌的認知是較為清楚甚至已經產生偏好，那自然很難產生所謂的移轉效應。這時在不得已情況下才去思考到底自己的品牌核心價值是什麼，常常為時已晚。

品牌核心價值包含了理性價值與感性價值。品牌核心價值越高代表越容易讓消費者產生信任，同時也代表品牌價值越高，對品牌的長久經營是最重要的評估指標之一。很多的品牌碰到的困境，就是沒有明確的品牌核心價值。通常必須先去思考到底是產品及服務本身的問題，還是沒有清楚的把品牌的核心價值給傳遞出來。消費者在使用過品牌的產品、服務或與接觸到品牌的行銷傳播內容後，與其他的品牌比較後所產生的認知，就是消費者的認知價值。

例如 ASAHI 朝日集團，自 2018 年 1 月開始改為 100% 由日本總公司投資的分公司經營台灣地區的銷售。透過經銷商架構起擴及全台各區與餐飲通路的銷售網絡，連鎖便利商店與量販超市通路亦皆可進行直接交易。此外由於直接接觸市場，能夠以朝日集團的行銷經驗深入了解並發掘客戶的需求，提供全系列商品以因應客戶的需求，加速實現台灣的成長目標。（參考資訊：http://www.asahigroup-holdings.com、http://www.chinatimes.com/newspapers/20180111000507-260210）

對消費者而言，品牌所提供的實質功能或利益，就是品牌的理性價值。而品牌與消費者所建立心理層面的關係，透過品牌所塑造出的形象、品牌的理念以及品牌的行銷傳播內容，這些訊息的累積就是消費者認知的品牌感性價值。

例如KIRIN麒麟集團在關注大自然與人之間的互動中，進行商品製造，將「食與健康」的嶄新喜悅擴散出去，也是集團經營的理念。透過洞察顧客需求、將大自然的力量發揮到最大極限，並具體發展其為製造商品的技術，並致力於追求高品質，以回應顧客的期待。所以可以將麒麟集團的感性價值界定為：創新活力，而理性價值則是提供更多的產品滿足消費者需求。

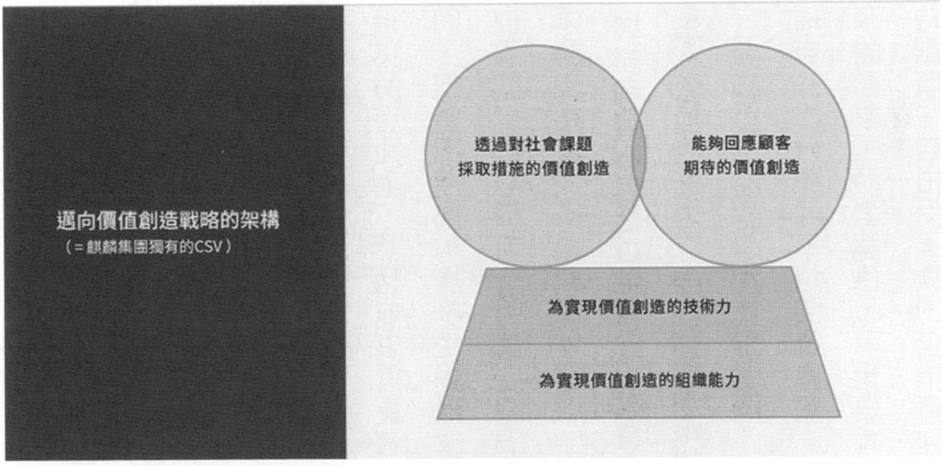

資料來源：https://www.kirin.com.tw/about.php?page=1

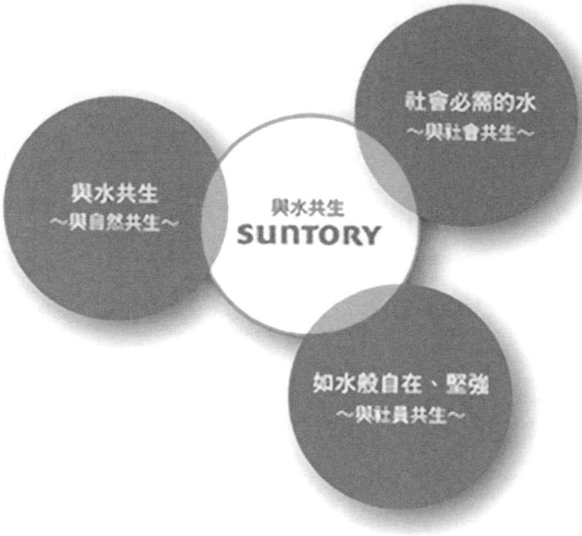

資料來源：http://www.suntory.com.tw/suntory/company-01.aspx

由此可知，品牌核心價值是企業競爭的關鍵，不應該只是應急的行銷話術，更不是可以隨便改變的消費者承諾。品牌核心必須可以具體的描述、檢視，更應該是經營者對全體員工必須傳遞的信念；透過可衡量方式反映在每一個相關的層面上，並且能讓消費者感受到並且認同。但當市場或市場產生劇烈改變時，定期的檢視品牌核心價值是否需要微調或修正也是必須的工作。

例如例如 SUNTORY 三得利集團是「與水共生 "SUNTORY" 」，2004 年新的企業象徵，即是以水做為設計的形象。文字的形狀，取自「水」源源不絕的流動感、蘊育與成長根源的形象，而水藍色，則代表著三得利時時保持創新、自由而柔軟的企業精神。由於三得利的製品原料，都來自於“水”，不論是酒、飲料或是食品都在此基礎發展，目前旗下事業包括烈酒、啤酒、葡萄酒、利口酒、飲料、健康食品……等。

品牌再造時最重要的就是提升及創新的品牌核心價值。從理性價值的提升與創新可以從實質滿足消費者的產品及服務來調整，包含更完整的消費者服務品牌方案或是完整的產品品牌系列。感性價值的提升與創新則可從品牌整合行銷傳播來著手，例如更貼近消費者的廣告訴求、更深度的體驗行銷活動，或是更有意義的顧客忠誠方案。若是從象徵性價值的提升與創新就必須從品牌理念、品牌文化及品牌形象來重新塑造。品牌核心價值提升與創新可以提高消費者對品牌認知的價值，也能增加品牌的實質收益。

品牌價值再造架構圖

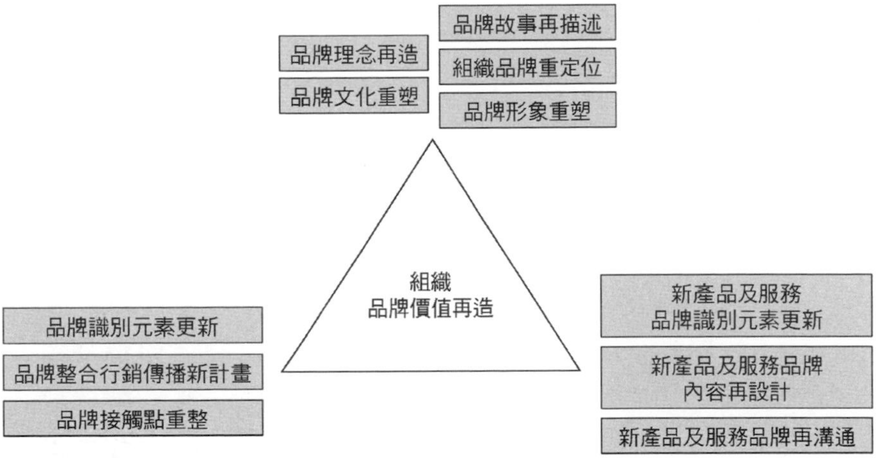

資料來源：作者繪製

筆者提出以組織品牌為主體的「品牌價值再造架構圖」，從組織品牌出發確認當品牌價值再造後，必須落實在哪些重要項目當中。特別需要注意的是，組織品牌再造最終要達到成效，除了組織本身的內外部，還是必須落實在產品及服務的內容。

3-3

品牌理念的重要性

門市查詢
最新消息
常見問題
THE BODY SHOP.
會員登入
網路特惠
臉部系列
身體系列
香氛系列
頭髮系列
男士系列
彩妝系列
原裝禮盒
館長推薦
想找甚麼呢?
夏季購物樂
行動支持全球反動物實驗
FOREVER AGAINST ANIMAL TESTING
一起讓美麗遠離殘忍
弱小的動物們仍持續不斷因人類追求美麗的行為受到傷害。我們希望透過您的力量，永遠終止這個殘忍的行為，並透過這次的全球簽署活動，呼籲所有聯合國會員國透過通這項法令，永久禁止美妝品牌使用動物實驗測試及相關成分。
簽署聯署書

公司網址：https://shop.thebodyshop.com.tw/thebodyshop/

品牌要得到社會普遍認同，最重要的就是有清楚的品牌理念。品牌理念是品牌建立的宗旨，希望得到社會公眾的認同。品牌理念透過品牌使命、品牌願景與承諾、經營哲學、道德行為基準等規範來實踐。品牌使命就是品牌貫徹理念所要完成的特定任務或要實現的特定目標。

例如 The Body Shop 公司致力於以建立環保且不傷害任何動物做實驗的化妝品生產環境。經營哲學即是經營者的經營方針，行為基準則指品牌成員的行為標準與規範。具體包括工作紀律與守則、行為管理條例等。

作為品牌指導的上位原則，品牌理念必須跟組織相關規章制度建立連結，並透過不斷提醒和溝通才能維持。當品牌理念沒有辦法貫徹時，不但會從組織開始產生管理不當的問題，更會嚴重影響到品牌的發展。因此品牌再造時必須不斷檢視最初的品牌理念，以及發生偏差的原因。

例如 Walmart 沃爾瑪百貨有限公司期望品牌提供最優質的產品，故不允許採購人員收取供應商紅包，不但從採購洽談室、採購流程到人員操守，都有一定的規範，目的就在於貫徹創辦人 Sam Walton 山姆・沃爾頓的品牌理念。沃爾瑪公司的品牌理念落實在以下四項基本信仰，內容大致如下：

・服務顧客：把服務顧客作為最重要的工作，“顧客就是老闆”。

・尊重個人：尊重每位同事提出的意見，重視和認可每位同事的貢獻。

・追求卓越：大膽創新、持續提升；為

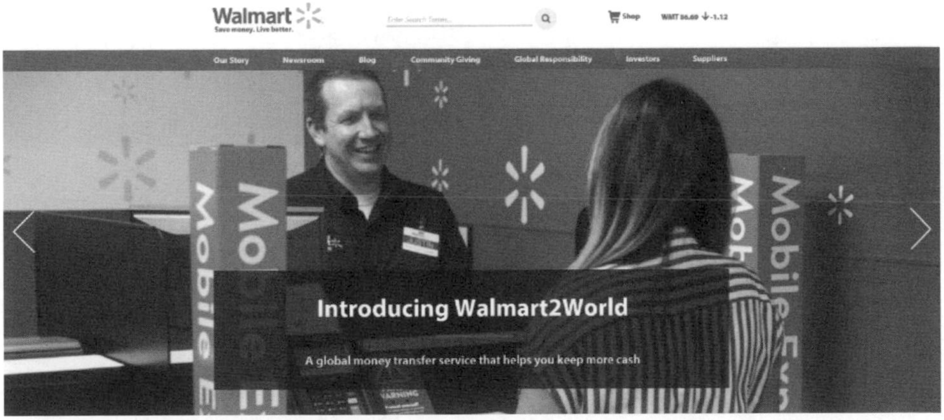

資料來源：www.wal-martchina.com/

實現遠大的理想豎立正面的典範。

・誠信行事：誠實，實話實說，信守誠諾；對員工、供應商及各利益相關方做到公開公正。

品牌理念具有凝聚品牌向心力的重責大任，從使命、宗旨、精神、價值觀等內涵，透過對組織成員以及合作夥伴進行溝通教育，通過各種活動方案使其在精神和感情上與品牌產生共生的關係。越強化品牌理念也越能激勵組織成員在品牌經營和發展上一同努力。成功的品牌理念甚至會透過傳播媒體和消費者的行動影響其他品牌甚至整個社會。

例如Coca-Cola可口可樂公司的使命、遠景及品牌承諾如下：

使命：

・讓全球人們的身體、思想及精神更加怡神暢快

・讓我們的品牌與行動不斷激發人們保持樂觀向上

・讓我們所觸及的一切更具價值。

願景：

・PEOPLE：員工激勵員工發揮自身潛能

資料來源：http://www.coke.com.tw

- PORTFOLIO：產品提供推陳出新的產品，不斷滿足市場與消費者
- PARTNERS：合作夥伴建立雙贏的合作模式，堅定合作夥伴關係
- PLANET：地球成為全球企業公民典範
- PROFIT：利潤在回饋我們股東的同時不忘履行我們的企業公民責任
- PRODUCTION：生產力成為高效率、靈活應變的組織

品牌承諾：

- 工作環境：不斷努力創造一個和諧、公平、積極的企業環境，以此來發揮和促進公司員工的創造力和進取精神，並實踐員工公司的共同發展。
- 市場：了解和滿足市場和消費者不斷變化的飲料需求以及對飲料健康的關注，為消費者帶來更優質、更多元的選擇。
- 環保：不斷提升在環保方面的表現，力求成為這一領域的專業領導者，尤其是在水和包裝方面。

- 社會：與社區與非營利機構積極合作，發展各種活動以協助社區推展工作。包括環保、運動、教育、健康、急難救助等。

品牌再造重點

- 您現在的組織品牌是否已有願景？如無願景如何協助規劃擬定？
- 您現在的組織品牌現有願景或新提出的願景是否能指引公司未來長期努力的方向？
- 您現在的組織品牌品牌願景能否塑造與鼓勵公司員工達到品牌期望應有的行為？

3-4

創建
品牌文化

品牌文化的概念來自於品牌從內而外所形的表現與認知，通常當組織品牌內的員工在企業一段時間之後，就會逐漸形成員工與組織之間的關係及共同的價值觀，這樣的關係經由了文字以及具體的規範，就會讓成員會有一定的凝聚力跟向心力，這樣的過程和結果就是品牌文化的體現。品牌文化是內部成員在經營、管理及行銷過程中共同內化的起源文化、使命、願景及價值觀之總和。品牌文化的組成包含以下幾個層面：

- 品牌起源文化：品牌創立的來源國文化、企業經營者本身的人格文化、以及與集體員工共同出凝聚來的組織文化
- 品牌使命：品牌存在的理由以及在社會中扮演的角色
- 品牌願景：品牌想要創造的未來及長期發展的方向和目標
- 品牌價值觀：品牌傳遞給消費者最重要的價值

例如：入選 2017 年中國品牌 100 強第二位的中國工商銀行，為了維持並內化品牌文化，將品牌文化運用在使命、願景及價值觀三個層次。

- 使命：

提供卓越金融服務：服務客戶、回報股東、成就員工、奉獻社會

‧願景：

打造"價值卓越、堅守本源、客戶首選、創新領跑、安全穩健、以人為本"的具有全球競爭力的世界一流現代金融企業

‧價值觀：

工於至誠，行以致遠

誠信、人本、穩健、創新、卓越

明確的品牌願景讓內部成員對品牌長期目標擁有高度的忠誠，也讓成功的品牌文化會產生類似宗教般的影響，當品牌文化越強烈就越能夠產生品牌一致性的向心力，也更能夠讓消費者看到一個具象化的品牌特色。當這樣子的品牌文化不斷地透過組織的溝通和內外部的融合，就會讓消費者的認同影響企業文化的發

資料來源：http://www.icbc-ltd.com/ICBCLtd/

展，而相對的品牌文化的特色也讓消費者自身的文化受到了一定程度的影響及改變。品牌文化可以改變與塑造消費者與品牌間之連接程度，也讓消費者相信這是品牌所秉持的堅定信念與原則。

- 例如瑞典 Konungariket Sverige 的首都斯德哥爾摩 Stockholm，訂定了城市發展的長期願景（Vision 2040）。它的城市品牌願景包含：
- 孩童在學習的過程中能擁有相同的機會，市民在居住上能擁有合理的租金，老人能擁有安全的保障以及人們都能受到公平的對待。
- 斯德哥爾摩將成為以步行、單車及大

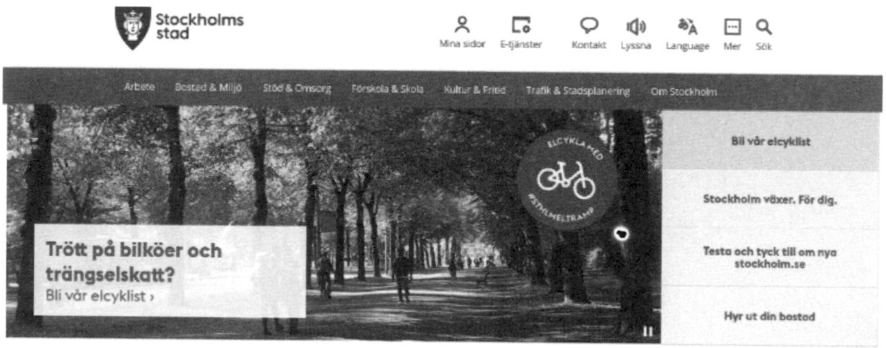

資料來源： http://www.stockholm.se

眾交通運輸為主的城市，運輸系統能更有效結合再生能源的使用，保障孩童能在無毒的環境中成長並且在城市中提供更多的有機食品。

- 斯德哥爾摩將從勞動市場的角度評估財政績效，協助促進工作、教育及居住之便利性。
- 斯德哥爾摩將成為推動人權、消除歧視，保障居民擁有平等權利及機會的民主永續城市。

但事實上只有極少數的品牌文化能夠被視為具有代表性，像是非營利組織品牌對於特定環保議題的堅持，或是跨國性集團的企業品牌就算在地化溝通，也仍然堅持來源國的特色和企業經營最初的理念。一般消費者對於組織的品牌文化不一定能夠深刻感受，但當在這些組織在招募員工或是在要進入國際市場尋找新的合作組織時，有明確而且正向的組織品牌更容易達到目標。

例如麥當勞 McDonald's 的美式風格和營造員工快樂的工作環境被社會大眾認同而且接受時，就有更多的人在求職時想成為麥當勞的一員。同時麥當勞承諾為員工打造「熱情、活力、健康且安全的職場」，成為求職者及員工心目中最佳的工作選擇。創始人 Ray Kroc 雷・克羅克認為「學習成長、不進則退」，因此麥當勞發展出一套訓練及發展計畫，堅持按部就班的訓練發展，並輔助以各項手冊，以達工作與學習並進的效果。

資料來源：http://www.mcdonalds.com.tw/tw/ch/careers.html

資料來源：https://www.starbucks.com/about-us/company-information

打造品牌文化必須要有明確的目標，由內而外的經由潛移默化的方式，在行為面和管理面來落實。有的品牌文化相當重視來源國文化延伸或創辦人的國家意識，有的則是從大眾文化中萃取養分。消費者想要自己滿足欲望和渴求，但通常不會去關注同一產業中有那些不同的品牌文化以及差異性，但若是品牌文化若是能夠獨特且透過傳播吸引到消費者注意，還是有不少消費者會透過支持擁有特定品牌文化的公司或產品，來凸顯自身的消費者文化特質。

例如星巴克的使命是激發並孕育人文情懷，讓每人、每杯、每個社區皆能體會，而價值觀是夥伴、咖啡和顧客為核心。星巴克的員工普遍是咖啡愛好者、更是品牌的擁護者和理念實踐者。星巴克的品牌文化希望員工在個人、事業和社會中都能成長，並且希望員工與消費者和社會都能相互連接，並激發周圍世界的積極變化。並且整年都以團隊的方式進行社區服務，與地方組織合作來振興和改善星巴克所服務的社區。

對於如今的消費者溝通而言，品牌文化的溝通也越來越顯得重要，尤其是當有的品牌文化已經內化到存在於各種消費意義之中。同時，另外也有品牌文化也注重務實的價值觀和特點讓消費者產生信任感。有些組織品牌文化甚至是消費者生活所存在的社會文化一部分，例如國家城市品牌、博物館及美術館品牌，甚至是具有歷史的企業集團品牌。品牌成為推動社會文化進程的元素之一，並且將文化意義和品牌的價值觀結合。品牌文化就如同品牌靈魂的一部分，並非單一面向可以傳達，但當與消費者建立起認同，消費者會透過品牌進行自我肯定。這時不論

資料來源：http://www.alibabagroup.com/cn/global/home

從商標、產品設計、服務、行銷活動，都必須考慮到是否直接或間接傳遞了品牌文化。

例如阿里巴巴集團的品牌文化是以關注維護小企業的利益為核心，包含經營的商業生態系統，讓包括消費者、商家、協力廠商服務供應商和其他人士在內的所有參與者，都享有成長或獲益的機會。以及業務成功和快速增長有賴於阿里巴巴集團尊崇企業家精神和創新精神，並且始終如一地關注和滿足客戶的需求。阿里巴巴集團相信，無論公司成長到哪個階段，強大的共同價值觀都可以讓品牌維持一貫的企業文化以及公司的凝聚力。

因此品牌文化再造時，必須從內部先溝通並讓品牌成員真心認同，尤其是各種不同層面的人員。再造後，更要重新溝通並貫徹在後續的品牌營運及行銷層面，並分為以下三個主要面向：

- 品牌核心理念及價值觀明確說明並加以重新溝通
- 品牌內部管理制度的重新診斷並建立完善
- 品牌全體成員管理、行銷、產品及服務意識的再教育

品牌再造重點

- 您現在的組織品牌文化對消費者是否是否具備認同感？
- 您現在的組織品牌文化可以與品牌價值與品牌的目標一致？
- 您現在的組織品牌品牌文化是否讓內部員工都認同？

3-5

說好
「品牌故事」

這些年品牌故事成了讓消費者認識品牌的一大重點，但倒底為什麼需要品牌故事，品牌故事是否應該真實還是可以虛擬？這個問題其實很簡單：消費者喜歡那些更美好、更理想的生活與世界，而故事能夠將內容具象化，品牌故事則是將品牌的誕生與未來發展可能，投過故事描述出來並且讓消費者理解並認同。

當要具體撰寫品牌故事時，可以掌握兩個重要的原則。組織的品牌故事牽涉到人的實際行為，必須盡量真實；而產品或服務的品牌故事重點再創意與吸引力，消費者也可以接受旁徵博引或是天馬行空，但只要還是跟人有關的部分，就必須回歸真實。透過文化故事吸引力消費者，再經由使用產品及服務品牌體驗、連結，甚至成為品牌故事的一部分。

例如 Nestlé 雀巢公司的品牌故事大致如下：

- 140 年歷史的雀巢公司根源於瑞士，遠在十九世紀的後拿破崙時代，歐洲長期的戰亂與內憂外患導致民眾生活品質的惡化，衛生環境不佳，醫療資源普遍不足，導致初生嬰兒的夭折率因為營養不足而高居不下。
- 有一位發明家亨利雀巢（Henri Nestlé）先生有鑑於此，嘗試發明一些食品，能提供嬰兒們所需要的營養。他做了許多實驗，用幫浦從母牛身上萃取出新鮮牛奶，再加上以他精心發明調製的穀類粥，製成一種可讓幼兒食用消化及吸收的牛奶及穀類粥混合飲品，於是全世界第一瓶幼兒專用的"奶麥食品"於焉誕生。

‧當地有一對韋納夫婦，因為韋納太太病得很重，無法親自哺乳她的小孩，而她的嬰兒又不幸早產一個月，這個嬰兒健康情形欠佳又不肯進食，就試著餵哺給這個出生只有15天的嬰孩，誰知結果出人意料的成功，從那天開始他就只有服用這個嬰兒食品，健康情形非常良好。韋納先生的案例轟動了當地，當地許多父母親紛紛向亨利雀巢先生訂購嬰兒食品，於是就在1867年成立自己的公司。

品牌故事包含了品牌創立和發展過程中

資料來源：https://www.nestle.com.tw/aboutus/nestlestory

有意義的、有代表性甚至有傳奇性的事件及內容。組織品牌故事常常和創辦人的理念、相關成員的經歷，以及組織發展的過程和事件有關，甚至有的組織品牌故事更和國家歷史、民族文化扣連。有時特殊的組織品牌故事不但能夠吸引消費者關注，更可能奠定在消費者心中的特殊地位與支持。

例如 World Vision 世界展望會的品牌故事當中，源起、發展與核心信念大致如下：

- 美籍佈道家鮑伯．皮爾斯（Dr. Bob Pierce）博士看到中國及韓國當時因因戰亂而流離失所的孤兒寡婦，於是開始呼籲美國的基督徒奉獻時間和金錢，幫助在戰火中苦難生靈，並成立了世界展望會。
- 1990 年起，台灣世界展望會加入了國際世界展望會全球關懷與救援的行列，透過「資助兒童計劃」、「飢餓三十~人道救援行動」、「發展型計劃」，國人的愛心擴及全球貧苦、戰亂、飢荒國家的需要，自此展開台灣愛心援外的重要里程碑。
- 核心信念：

  我們是基督的機構

  我們獻身服務貧窮

  我們尊重人的價值

資料來源：https://www.worldvision.org.tw/01_about/about.php?m1=1&m2=27&m3=0&m4=0

我們僅不過是管家
我們是合作的夥伴
我們迅速回應需求

但終究不是每個組織品牌都有特別的故事，這時若是刻意加油添醋或是假造內容，不但違反的品牌道德更是替品牌埋下危機。因此，從產品和服務的企業故事來著手發展，反而比較有空間，更不會受限只能是真實發生的故事。以下六種是品牌的故事發展概念，可以讓品牌在思考品牌故事發展時參考的方向與概念：

- 從理想世界或未來願景來連結產品與服務
- 實際產品或服務研發生產過程所發生

的事件

- 危機的發生以及度過危機的努力
- 從消費者的心理層面中，期望或是理想的故事來發展
- 從消費者真實使用行為及生活歷程來投射
- 從信仰、傳說神話、童話故事或是文化歷史萃取元素

例如巴西嘉年華的品牌故事大致如下：

- 巴西嘉年華的歷史與基督教的節期有關，第一屆四旬齋期嘉年華開始在義大利。狂歡節這個詞來自Carne Vale，意思是“告別肉食”。為了紀念耶穌在這40天中的荒野禁食，信徒們就把每年復活節前的40天時間作為自己齋戒及懺悔的日子，叫做四旬齋
- 雖然嘉年華的做法源於歐洲，但非洲的影響在巴西嘉年華會中顯而易見。巴西嘉年華的歷史表明，這開始於巴西成為葡萄牙的殖民地時。由於非洲奴隸貿易，嘉年華會調整了部落的做法，其中包括在村莊周圍巡遊。慶典期間，人們開始使用服裝和部落面具。羽毛也被用在許多非洲服飾中，這象徵著重生和精神的興起，這也是現代巴西狂歡節的重要組成部分。
- 根據嘉年華的歷史，在17世紀的奴隸貿易在南美洲實行。來到巴西的奴隸帶來了他們

的文化和對音樂的熱愛。隨著時間的流逝，來自安哥拉和西非的奴隸開始與當地人交流，並與他們分享他們對森巴的熱愛。此後森巴成為巴西嘉年華的一部分。

（資料來源：https://www.rio-carnival.net/EN、http://www.riocarnaval.org/en-AU/）

3-6

建立
品牌形象

品牌形象是消費者從外部累積的資訊來看待品牌的總和認知。為建立品牌形象必須運用各種計畫與策略，並且在一致性的塑造下才能獲得消費者的認知與信賴。越具體的品牌溝通就會塑造越明確的形象投射。消費者持續接收到品牌所傳播的訊息，就會對這些訊息加以觀察與反應，進而在心中聯想後形成品牌形象，大師Aaker（1991）將品牌形象定義為品牌聯想的組合。隨著時間發展品牌形象的概念讓產品品牌在顧客心中產生意義，甚至會產生好惡。

塑造品牌形象是一項相當複雜的工程，就像塑造一個人的形象，必須從品牌的整體策略就開始經營。品牌建構主要在初期的建立與定位，品牌形象則是在持續的維持與提升。品牌形象越正面，越能使消費者想購買使用或支援該品牌。品牌形象的完整性來自於品牌溝通的訊息持續堆疊，而這些訊息的來源包含：品牌價值、品牌文化、品牌核心價值、品牌識別管理、品牌故事以及品牌整合行銷傳播以及其他消費者形象。

- 例如LOUIS VUITTON路易威登的品牌形象有著高貴及地位的象徵，而消費者對於LOUIS VUITTON品牌形象的認知，可以從這四個層面來了解：
- 經典的品牌故事和優異的產品品質
- 路易威登基金會成立的宗旨為推動當代藝術及創意。

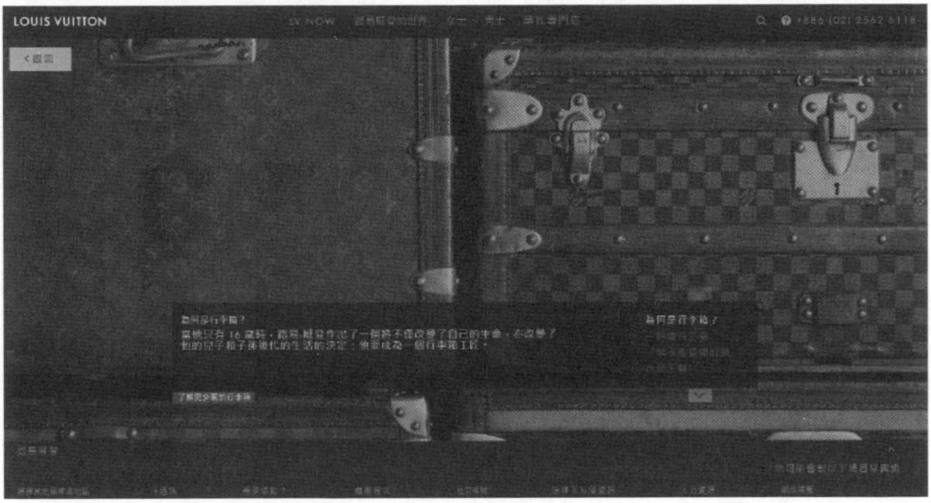

資料來源：https://tw.louisvuitton.com/

- 嚴守尊重創意及保障知識產權的宗旨，對假冒抄襲採取零容忍對策。
- 承諾全力支持聯合國兒童基金會，向急需援助的兒童伸出援手。

從來源國的品牌文化、優雅的廣告塑造，到其他使用者的形象，總和後所投射出的消費者認知。品牌形象使品牌像人一樣擁有個性和特色，越單純的產品／服務品牌，及規模較小的組織品牌越容易塑造品牌形象。但品牌經營者多半希望品牌能夠持續擴張、延伸，對於品牌形象的維持與提昇就必須投入更多的心力。

事實上越具有代表性的品牌，尤其是消費者心目中的指標品牌，它們的品牌形象甚至成為了其他品牌的學習對象，甚至比較容易在消費者群體中產生共鳴。並且經由集體支持品牌的行動來產生忠誠消費者間的向心力凝聚。而這樣的品牌形象也成為了當品牌未來想要更進一步發展品牌延伸或品牌國際化的良好基礎。

例如Heineken海尼根啤酒集團除了利用常態性的品牌整合行銷傳播計畫來與消費者溝通，也對結合運動賽事、通路合作以及創意廣告資增加特定消費者記憶點。在於荷蘭阿姆斯特丹的發源地，更建立了海尼根體驗館作為指標性的品牌形象溝通接觸點，許多酒類的觀光工廠也常以其作為參考學習的對象。

品牌形象消費者的心目中，若是品牌訊息太過分散或是仍停留在組織、產品及服務的功能介紹層面，是無法讓消費者產生共鳴的。因此就如同人一樣，將品牌形象擬人化並賦予品牌個性，則是品牌形象對消費者來說最能理解的結果。品牌個性必須透過品牌標誌、品牌象徵物及品牌行銷傳播活動來產生可被看見的外在結果，但最重要的還是品牌形象本身存在內化的品牌理念、品牌核心價值。

大致上現在的品牌個性有兩種分類方式，第一種是Jennifer Aaker珍妮佛．阿克爾提出的品牌個性的五個維度。當時這套理論是調查以西方消費者對於品牌投射的品牌人格來做分類，但事實上當放眼全球品牌的發展，品牌人格計既然是品牌形象的擬人化，這時很多特殊的文化或消費者背景之下所發展出的品牌人格，就可能要重新做為評估標準。相關內容補充如下：

純真：實際、誠實、健康、快樂
刺激：大膽、英勇、想像豐富、時尚
稱職：可靠、智能、成功
教養：高貴、迷人
強壯：粗野、戶外
（參考資料：https://www.gsb.stanford.edu/faculty-research/faculty/jennifer-lynn-aaker）

第二種則是筆者偏好的品牌十二原型，最初是從心理學大師 Carl Gustav Jung 卡爾・榮格的集體潛意識現象，也就是「原型」來延伸，Carol S. Pearson 卡蘿・皮爾森及 Margaret Mark 瑪格麗特・馬克則將原型具象化，並應用在品牌個性的分類上。這十二個品牌原型分別為天真者、探險家、智者、英雄、亡命之徒、魔法師、凡夫俗子、情人、弄臣、照顧者、創造者以及統治者。（資料來源：https://www.amazon.com/Hero-Outlaw-Building-Extraordinary-Archetypes/dp/0071364153）

例如 Red Bull 紅牛飲料就是運用品牌傳播，將品牌形象「亡命之徒」變成運動贊助行銷，在全球支持賽車、攀岩、酷跑等極限運動賽事，並且拍攝紀錄片。同時也鼓勵消費者勇於挑戰，讓品牌形象與消費者行為產生連結。

並非所有的品牌都能夠被擬人化，很多品牌更並不具備形成品牌個性的條件，也沒有完整的品牌整合行銷溝通計畫。也並不是想要塑造品牌個性，只透過幾支廣告、幾句標語就能達成。沒有認真思考過品牌應該在消費者心中的個性是什麼、以及品牌自己本身想成為什麼樣子、那就算想模仿、或是勉強設定的品牌形象以及擬人化後的品牌個性，都只會讓消費者對品牌疑惑。

對於品牌再造的具體呈現來說，品牌形象是由內而外都必須經過調整後，才能達到消費者認知的改變。當品牌內部進行品牌再造卻沒有在品牌識別元素上重新設計跟溝通，或是沒有應用整合行銷傳播來重新完整形塑外在形象時，最終還是無法達到品牌跟消費者的重新連結。而在品牌形象再造為主體的計畫中，必須預先設定品牌個性的變化，若是之前沒有具體的品牌可以利用這個機會塑造出來，若只是強化原有的品牌個性，則要將要調整的品牌訊息內容一致且有計畫地來跟消費者溝通。

案例

K集團品牌文化再造計畫範例

品牌文化再造專案啟動

・專案名稱

・專案組織成員確認

原有品牌文化及相關元素梳理

・品牌文化描述

・品牌核心價值分解

・品牌文化載體

新品牌文化說明

・品牌文化描述

・品牌核心價值分解

・品牌文化載體

新品牌形象描述

新品牌品牌故事說明

新品牌文化溝通方案

・內部員工教育訓練
・廣告，公關，媒體代理商等教育訓練
・外部協力廠商及供應商佈達
・合作通路商及相關對外資訊平臺訊息調整

案例

K產品品牌再定位暨形象調整計畫範例

基本現況分析

・市場環境分析
・競爭者分析

品牌名	品牌定位	產品利益點	消費者洞察	品牌指定購買排名

- 消費者輪廓分析
- 產品品牌 4P 分析
- 品牌形象說明

產品品牌重定位策略

- 與競爭者 J 產品品牌間消費者客群重疊
策略：將目標消費者從大學生逐步轉移到上班族
- 與競爭者產品品牌間通路策略過度重複
策略：洽談定位相近的新通路合作夥伴

產品品牌形象調整策略

- 產品品牌識別更新
- 產品品牌包裝更新

新產品品牌再上市暨整合行銷傳播策略

- 原有包裝產品品牌退場暨出清方案
- 新通路推廣方案
- 代言人運用策略暨整合行銷傳播計畫

糖衣 //

讓品牌長成
大家想要的樣子

在市場上那些討喜的品牌有什麼樣的特質？
故事和包裝真的那麼重要嗎？

CH 4

4-1

品牌
識別元素

有系統、有計劃溝通統一品牌所有具體化統一的視覺元素，是品牌識別元素的進一步整合，也就是品牌識別系統的建構。從設計層面來看包含了主要項目和應用項目。主要項目包含品牌名稱、品牌標誌這兩項，也就是原則上所有品牌不論是組織還是產品及服務，都會使用到的。應用項目包含了品牌象徵物、品牌標語、品牌專屬字型、品牌代表色彩及其他項目，並非所有的品牌都會使用，但是可以依照特定的品牌需求加以應用而達到與消費者溝通的效果。筆者將相關概念整理成「品牌識別系統環狀圖」，內容如下：

例如BANDAI NAMCO萬代南夢宮集團的品牌標誌被BANDAI及其附屬公司廣泛使用，當作整個集團的視覺圖標。並且包含了品牌概念中的「融合與進化」，兩種形式的有機

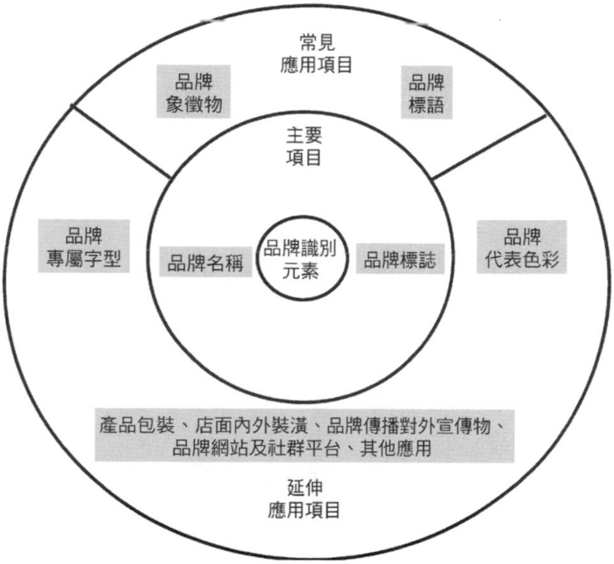

品牌識別系統環狀圖

資料來源：作者繪製

BANDAI NAMCO

資料來源：https://www.bandai-asia.com/companyInfo.php

結合和融合，不斷發展並產生無與倫比的夢想，歡樂與啟示。同時符號與顏色包含紅色，橙色和黃色分層顏色，表現出BANDAI集團對娛樂的熱情和無拘無束的方式。

許多品牌在再造之後，因為將品牌識別元素重新設計規劃，對於消費者來說可能既熟悉又陌生，所以必須將相關元素重新溝通。可以針對品牌在每一個層面的使用方式來說明使用規範，越具有規模的組織品牌在規範上會越詳細，避免對外的溝通產生不一致。包含在產品包裝、店面內外裝潢、品牌傳播對外宣傳物、品牌網站及社群平台，甚至辦公室內部空間設計、制服衣服配飾等等。但是不同產業的品牌也會有不同的考量，所以並非單一標準，更不適合為了達到所有品牌識別一致性而刻意將所有對外可以看見的視覺都強制規範。

例如中華航空2015年發表全新制服，委請獲得11項金馬獎美術服裝大獎、入圍奧斯卡金像獎最佳服裝設計的張叔平跨界設計。新制服延續華航傳統的旗袍設計，並且加入大膽的紅色元素，整體設計以50年代的優雅為主，但增添現代感及功能性。（參考資訊：https://www.ettoday.net/news/20170825/996765.htm）

品牌識別元素必須具備容易記憶及引人注目，才能幫助消費者對品牌進行辨識或記憶。品牌識別元素應該能被具體說明設計的原因和期望傳達的說服性意義。所以品牌識別元素所溝通的對象是由內而外，包含了組織成員、消費者，甚至外部合作夥伴及傳播媒體。

例如香港的城市品牌識別元素中，結合

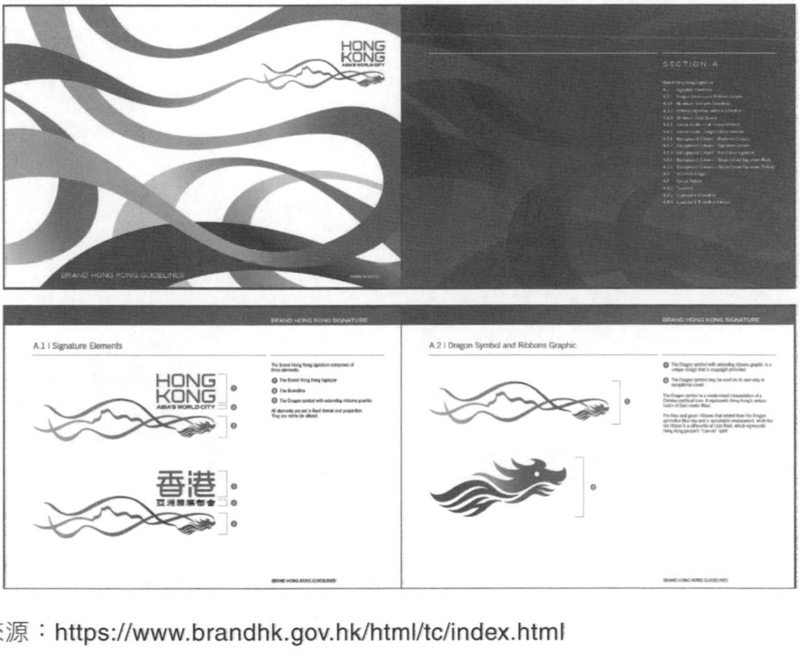

資料來源：https://www.brandhk.gov.hk/html/tc/index.html

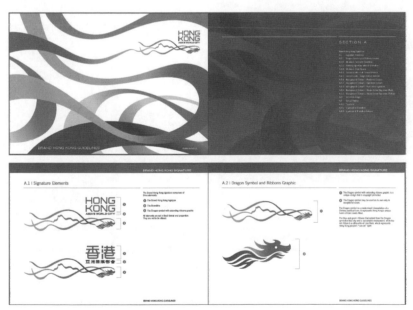

資料來源：
http://www.mcdonalds.com.tw/tw/ch/about_us/profile/belief.html
https://www.mcdonalds.com.cn/index/McD/about/value

了「香港」的英文縮寫 HK 及中文字的飛龍設計，別具形態、意念清晰，廣為香港及國際調查對象接受。「飛龍」標誌代表了香港的歷史背景，以及與文化傳統的連繫，並兼具現代感和傳統內涵，反映香港東西文化薈萃的特色。香港的城市品牌識別使用指引規範部分內容如下

品牌識別元素能夠從外在就讓消費者覺察到品牌的存在並突顯其特色，內在則是將品牌的定位與形象給具體化呈現。消費者很現實，越有特色、越具差異性及代表性的品牌，越容易產生心理層面的偏好。尤其是品牌在做國際性發展時，清楚而且明顯的品牌識別元素更容易建立消費者認知聯想以及信任度。

例如 McDonald's 麥當勞在世界各國均能被清楚識別出其品牌名稱與 M 字招牌，當消費者到了陌生的地方選擇用餐時，至少能安心用餐。麥當勞在全球都具有相當的品牌知名度，但是並非都是以子公司的方式來發展品牌，而是以品牌授權的方式進行。所以我們所看到的「麥當勞」在台灣及中國都是服務品牌，而組織品牌在台灣是和德昌股份有限公司；在中國則是金拱門（中國）有限公司。

但一段時間後，品牌識別元素也需要適度的調整及更新，才能更符合品牌現階段想傳達的意涵與溝通上的便利性。相對的，在建立品牌識別元素時就須必先從國際性的法律層面著手，經由註冊登記合法保護，並盡力防禦品牌識別元素受到未經授權許可的競爭侵犯與攻擊。而會發生品牌識別元素的國際法律問題，常常就是因為品牌一開始並沒有為品牌國際化事先做

好準備，這時只能倚靠品牌再造的方式來進行整體性的策略調整。

例如後期才進入大陸市場的 New Balance 紐巴倫公司，就必須面對搶先登記相類似品牌名稱的公司，進行品牌保護的訴訟戰爭。中國大陸法院 2017 年判決，中國大陸鞋業公司必須支付 New Balance 公司 150 萬美元賠償，因為他們侵犯紐巴倫著名的斜體 N 字母標誌。裁決書認定，3 名被告以「New Boom」商標製鞋，搶奪 New Balance 市占率，並極大損害其商譽。除了賠償損失外，也勒令停止生產或銷售使用這項標識變體的鞋類。（參考資訊：http://www.setn.com/News.aspx?NewsID=286736）

從消費者的最容易產生認知的角度來說，可以被看見的品牌識別元素，是相當直接的品牌的溝通方式，也是品牌具像化的呈現，應用層面包括商品、門店、網站等等。不但可讓消費者容易判斷是否是自己熟悉的品牌，更能強化品牌獨特性。混亂而且不一致的品牌識別元素不但會造成消費者的負面觀感，更對於期望長久發展的品牌造成潛在的危機。但只有極少數的品牌能夠從一開始就具體而且堅持的維持品牌識別元素的一致性。

例如 IKEA 宜家家居除了將品牌識別元素應用在門店、人員和包裝上，更常見的是在網站上的應用。除了清楚可見得品牌名稱和品牌標誌，更重要的整體的風格和排版，也將品牌形象清楚的呈現出來。

品牌識別元素再造時，可同時思考結合商標的相關法令來保障品牌的獨特性和競爭性。在商標法的規範中，第十八條規範商標是指任何具有識別性之標識，得以文字、圖形、記號、顏色、立體形狀、動態、全像圖、聲音等，或其聯合式所組成。識別性則是指足以使商品或服務之相關消費者認識為指示商品或服務來源，並得與他人之商品或服務相區別者。

第五條則說明了商標之使用，指為行銷之目的，而有下列情形之一，並足以使相關消費者認識其為商標：

一、將商標用於商品或其包裝容器。

二、持有、陳列、販賣、輸出或輸入前款之商品。

三、將商標用於與提供服務有關之物品。

四、將商標用於與商品或服務有關之商業文

資料來源：https://www.ikea.com/tw/zh/

書或廣告。

前項各款情形，以數位影音、電子媒體、網路或其他媒介物方式為之者，亦同。

（資料來源：https://www.tipo.gov.tw/lp.asp?ctNode=7047&CtUnit=3491&BaseDSD=7&mp=1）

品牌再造重點

- 您現在的品牌是否已建立完整的品牌識別元素？
- 您現在的品牌識別元素包含哪些項目？
- 您現在的品牌識別元素是否獲得消費者的認識與了解？

4-2

品牌命名的意義

品牌名稱為品牌識別元素最基本的項目，也是消費者直接記住品牌的第一步。在進行品牌命名時，必須先定義該名稱要傳達的目標，再擬定數個品牌名稱來篩選，並且確認該名稱在法律上及註冊上均符合標準，經過數次的討論確認，然後選出最終的品牌名稱。有時品牌創立者對於特定的品牌名稱有著強烈的情感投射，例如郭台銘董事長所成立的慈善基金會即是以已逝世的妻子為名。

例如家樂福的品牌名稱及品牌標誌說明如下：

・中文品牌名稱：Carrefour 是家樂福母公司的法文名，在台灣翻譯為「家樂福」是取「家家快樂又幸福」的意思，

資料來源：：https://www.carrefour.com.tw/about_carrefour.html

充分呼應了家樂福的經營理念。

・品牌標誌：著名醒目的紅藍白企業標誌，看似簡單，卻饒富意義，裡面隱含著家樂福創立至今的企業願景與對消費者的承諾。這個企業標誌第一次出現是在 1966 年，設計概念取自 Carrefour 的字首 C，C 的右端延伸一個藍色箭頭，左端一個紅色箭頭，象徵四面八方的客源不斷向著 Carrefour 聚集。

有時太過拘泥於品牌名稱要怎麼被記憶，反而是本末倒置。例如城市品牌名稱若是其他國際人士記不得，難道就要改名嗎？過去的經典品牌為數不少均是以創辦人的姓氏命名，雖然當時並不具獨特性或記憶點，但卻是讓這些品牌發揚光大的原因，也就是創辦人的個人與家族驕傲，像是 Ford 福特汽車（創辦人 Henry Ford）、McDonald 麥當勞（創辦人 Dick and Mac McDonald）都是以個人姓名為組織品牌的命名依據。

例如 James Dyson 詹姆士．戴森設計的無袋吸塵器，不僅能常保強勁吸力，清潔效果也比一般吸塵器理想。由於他的設計在全球取得成功，也讓以他為名的企業品牌 Dyson（Dyson Ltd）名揚國際。而公司所推出的產品品牌也都會冠上 Dyson，像是 Dyson Cyclone V10。（參考資訊：https://www.dyson.tw/community/about-dyson.aspx、0https://www.gvm.com.tw/article.html?id=10777）

若是從消費者對於品牌名稱的連結來說，則可以從好記、容易回想或聯想及有意義來著墨。像是容易發音和拼寫的「ZARA」或是諧音的「澡享」。消費者能透過品牌名稱進而想到品牌的理念或使用功能是更理想的，但首先就是要能被記住。品牌名稱若是有特殊意涵，常常可以與品牌故事連結，也可以作為品牌標誌的主體。

例如 McFarlane Toys 麥法蘭玩具公司是美國前幾大動作玩具製造商，以創始人 Todd McFarlane 陶德．麥法蘭的漫畫人物 Spawn 閃靈悍將為基礎，製作和銷售相關產品。同時以創辦人的名字做為公司品牌名稱，並將 Spawn 的圖像作為公司的品牌標誌。資料來源：https://mcfarlane.com

但若是新創品牌，而且在相對競爭條件較為弱勢時，以下幾種品牌名稱命名策略是可以思考的方向：

- 正名 - 直接將創辦人或創辦團隊的姓、名作為直接命名
- 直述 - 直接將品牌的功能特性或是獨特成分放入並加以修飾
- 諧音 - 讓消費者念起來像是某個熟悉的名詞或用語
- 隱喻 - 讓消費者感覺像是某種熟悉的已存在物品或動作

- 擬人化－讓消費者感覺像具有人格熟悉人名的感覺
- 創意－創造新的字或名詞，再刻意賦予特殊的故事與意義

例如SONY索尼的品牌與故事名稱大致如下：

- 1946年，38歲的井深大和25歲的盛田昭夫憑著四處籌措的19萬日元現金，成立了"東京通信工業株式會社"也就是今天大名鼎鼎的Sony的前身。1955年，井深和盛田為了讓公司走向世界，製作了新的產品商標——Sony，並最終將公司名稱也改為Sony。這四個容易發音、世界通用的字母，繼承了井深在《公司成立主旨》中所表述的"自由豁達"精神，其語源為"一個活潑調皮的小孩"。它沒有局限於電氣或者哪個特定的行業，也與創業者的名字無關。這個名字在當時的日本被視為異類，但它充分顯示了井深和盛田的遠見和魄力。（參考資訊：http://www.sony.com.cn/zh-cn/cms/index.html）

當品牌名稱必須再造時，就要思考前後品牌名稱所代表的涵義，消費者是否能理解差異性，尤其是當品牌原來的名稱被賦予的意義或已經建立的消費者記憶，品牌再造後必須更容易讓消費者能快速更新記憶。當品牌連名稱都進行再造時，搭配短中期的整合行銷計畫是必要

的，也要隨時監測更名後的消費者反應與溝通效果。

例如CCS（Centro Cooperazione Sviluppo）是一個總部位於意大利的非政府組織（NGO），主要是幫助困難讓弱勢及貧窮區域的兒童改善生活及幫助發展未來。因為非政府組織數量眾多，也讓資助者及志工只能選擇特定對象幫助，因此進行了品牌再造。為了能更明確的傳遞品牌價值，更新了品牌名稱「Helpcode 幫助代碼」、品牌標誌（微笑標誌）及品牌標語「The Right to Be Child 讓兒童更好」，也讓這個品牌能讓利害關係都更容易認識而且了解品牌理念。

CCS Italia centro cooperazione sviluppo onlus → helpcode IL DIRITTO DI ESSERE BAMBINI

資料來源：
https://ccsitalia.org/en
https://rebrand.com/distinction-helpcode/

4-3

品牌標誌

視覺性品牌識別要素當中，最重要且富有意義的就是品牌標誌。不但可能是品牌名稱的延伸，更有可能是品牌形象或品牌個性的具像化，但並不是所有消費者都能清楚的辨識品牌標誌。雖然普遍認為圖像的品牌標誌比文字的品牌標誌來的容易有記憶點，但是能清楚標達品牌的特性和文化才是最重要的。透過不斷的強化及溝通品牌標誌，則確實能有效的幫助消費者在記憶中與品牌相連結，促進記憶與識別。

例如 Mercedes-Benz 賓士的品牌故事、品牌名稱及品牌符號內容大致如下：

・Mercedes-Benz 賓士品牌創辦人之一 Carl Benz 與夥伴開發並生產出全球

資料來源：
https://www.mercedes-benz.com.tw/content/taiwan/mpc/mpc_taiwan_website/twng/home_mpc/passengercars.html
https://mook.u-car.com.tw/article18.html

第一具單汽缸 4 行程汽油引擎，並組合成全球第一輛 3 輪「汽車」；另一位創辦人 Gottlieb Daimler 與夥伴生產了全球第一輛機車。但它們生前互不相識，直到 1926 年，各自創立的公司 DMG 與 Benz & Co. 合併，才將組織品牌名稱發展為 Mercedes-Benz。

・不但保留 Benz 的圓型桂冠廠徽的外環，更把 DMG 的三星標誌放置於內，成為現在的三星廠徽。2010 將 2D 進化立體的 3D，並把，並將星芒的 3 個角衍伸定義為「完美（Perfection）、魅力（Fascination）與責任（Responsibility）」三大核心價值。

品牌標誌也是會隨著品牌發展的過程，與時俱進的調整。有時一開始設計的品牌標誌可能源自於古老的圖騰或是經典的圖樣，但當時代演進時必須考慮到消費者是否能記住。品牌再造時需要將消費者在記憶品牌名稱及品牌標誌的現況加以分析，甚至有時不但要簡化品牌標誌，更可能將再造後的品牌標誌重新溝通，才能作為主要溝通的品牌訊息重點。

例如 JOHNNIE WALKER 的品牌名稱、品牌標誌及品牌故事大致如下：

・JOHNNIE WALKER 是從一位用自己名字為自釀威士忌命名的人開始。1819 年，John Walker 開了一間雜貨店，當時大多數的雜貨商都會貯存一種單一純麥威士忌，但是風

JOHNNIE WALKER®

KEEP WALKING®

資料來源 https://www.johnniewalker.com/zh-tw/

味無法保持一致。他在威士忌方面非常有天賦。因此開始嘗試進行調和，經過不斷地反覆測試，他的威士忌終於能在任何時間都保有完美的風味和品質，成為炙手可熱的暢銷商品。

- 1857 Alexander 推出 JOHNNIE WALKER 的第一瓶商業調酒，並使用著名的方形瓶，名為「Old Highland Whisky」。插畫師 Tom Browne 在午餐時，利用菜單背面畫下標誌想法的草圖後，這個「邁步向前的紳士」的形象，立即獲得 Alexander 和 George 採用，使得維多利亞雜貨商 John Walker，瞬間蛻變成愛德華時代的時髦男子 Johnnie Walker。

・如今，JOHNNIE WALKER 已成為世界最大的威士忌品牌，且世界各地皆可看見代表品牌精神的標語。

另外品牌標誌重設計時，也被賦予的更高層次的意義，像是當組織品牌經過品牌再造和組織調整，試圖將組織品牌與旗下的商品品牌產生更明確的連結，就常常會規畫新的品牌標誌來對外溝通。其實多半的消費者都是先記得組織品牌的標誌，但是卻極少消費者能將組織品牌跟旗下的產品及服務品牌都能記得。為了品牌的長期發展，必須先深度的探索品牌理念以及消費者認知的品牌核心價值，以及評估現況及未來的品牌發展，最後擬定出適合當作再造的品牌標誌並加以溝通，才能更有效益的同時強化消費者對組織品牌以及產品及服務品牌的記憶度。

例如 Ajinomoto 味之素集團（味之素株式會社）在 2017 年推出味之素集團全球品牌標誌（"AGB"），以供整個集團使用。味之素株式會社計劃通過 ASV* 開展業務活動，在全球範圍內提升企業品牌，成為全球十大食品公司之一。味之素株式會社截至 2017 年 4 月，包括日本在內的全球 30 個國家和地區共有 121 家公司開展業務。在味之素公司經營的主要國家和地區中，其品牌識別率相對於其同行全球食品公司（2016 年，味之素公司調查）相對較低。近年來，日本和海外的集團公司數量因併購而增加，業務領域不斷擴大，對標準化品牌的需求日益增加，並將它們統一為"味之素集團"。因此，作為其"旨在成為全球十大頂級食品公司，

味之素公司開發了一個友好設計的品牌標誌，

「味之素」的意思是「鮮味的本質」，它是從它的字面含義「味道的本質」演變而來的。將無窮大符號與字母「A」相結合包含三個野心：調查，掌握和傳播「味道（Aji）」；用先進的生物科學和精細化學技術發展和發展「氨基酸」的價值；並促進全球可持續性。從「A」流到「j」的線條描繪了一個人，暗示著人們一起加入並在烹飪，飲食以及由味道（Aji）和氨基酸提供的舒適生活方式中獲得喜悅。從「j」底部向右延伸的線條表達了味之素集團未來的發展和成長。另外，再主要的產品品牌包裝上延伸設計了體現集團理念的三色標誌。

AJINOMOTO
味之素

Eat Well, Live Well.

味之素集團持續提供全世界美味健康的飲食，每天用心傳遞生活上的幸福微笑。而且，現在與未來都全力投入社會，地球的環境保護與支援。

AJINOMOTO.品牌標誌識別由三個主要顏色組成並環節成一個圈，代表循環不止的意思。每種顏色有其重要含義。

Delicious Red	Lively Yellow	Earth Green

紅色代表美味，黃色代表活力，綠色則代表了對環境的重視。

Delicious Red	【美味紅】	美味、安心、信賴
Lively Yellow	【健康黃】	健康、幸福、元氣
Earth Green	【地球綠】	自然、環保、愛地球

品牌標誌設計【美味紅、健康黃、地球綠】意味著味之素集團過去100年的歷史傳承，「Eat Well, Live Well」是我們對品牌使命的闡述，也代表了味之素集團放眼未來及對下一個100年的遠景期許。

資料來源：https://www.ajinomoto.com/en/

4-4

品牌
象徵物

資料來源：http://toranomonhills.com/zh-CHT/

對於組織品牌來說，品牌象徵物作為品牌識別元素之一，就必須賦予品牌象徵物故事及意義，也必須具體的加以規範使用方式及應用功能。尤其是當品牌再造時，更動品牌名稱或品牌標誌必須付出的溝通成本相當龐大，但若之前沒有品牌象徵物的設計，則可加入作為溝通的內容。

例如東京都政府實施的城市再開發項目當中，2014年開業的虎之門之丘 Toranomon Hills 是一個通過公私合作夥伴關係進行城市發展的象徵性示範項目。利用立體道路系統"的方法"，在道路上建造建築物，是城市發展的象徵性示範工程。為了達到有效的品牌形象識別和聯想，委請藤子・F・不二雄製作公司發表吉祥物「虎之夢」（トラのもん），雖然看起來與哆啦A夢相似，但是身上有建築物的形象的黑白條紋，而且有耳朵。

品牌象徵物可以說是品牌形象符號具體化的一種方式，包含的類型常見的有虛擬動漫人物化、動植物造型化、真人代言化等等方式。但是否所有的品牌都該有象徵物，這就需要從品牌實際的需求和目的來判斷。例如城市節慶品牌或運動賽事品牌，不少都有品牌象徵物，因為品牌相關元素必須能與具體的形成消費者容易區隔的形式。像是幾乎每屆的奧運、日本的熊本縣、甚至台灣的花卉博覽會。但沒有象徵物的美國超級盃足球賽，也依然是一個成功而且眾所皆知的國際運動賽事品牌。

例如：里約奧運會和殘奧會的吉祥物費尼希斯（vinicius）和湯姆（tom），代表了巴西的動物和植物以及巴西文化的特色。概念是從已故巴西經典音樂人費尼希斯（Vinicius de Moraes）和湯姆裘賓（Tom Jobim）為名所打造出的卡通人物。費尼希斯是一隻亮黃色貓科動物，代表巴西豐富的動物物種及野生生物，牠跑得快跳得高，還能模仿各種動物的聲音；湯姆是以藍綠為主體色的小精靈，頭上頂著樹葉般的頭髮，象徵巴西植物多樣性。（視覺參考請見YouTube：https://www.youtube.com/watch?v=TOGMbUFeG_M、http://www.chinatimes.com/realtimenews/20160708000001-260403）

品牌象徵物的設計可以透過運用創意方式，連結某項具有重要品牌意義的符號，並且做為部分品牌延伸或是品牌資產的利益基礎。大部分的品牌象徵物都為了讓消費者容易接受，喜歡採用可愛的元素，但有時當大部分都是可愛類型，卻又容易讓消費者產生混淆。像是都以圓形的臉型當作設計，就會容易讓消費者產生錯覺與誤認。

例如：統一集團的OPEN小將與全聯福利中心的福利熊，初期設計都使用了圓形臉型、眼睛和鼻子，也都是明顯頭大身體小的二頭身比例，另外也都以可愛的造型與活潑的個性作為設定。但從頭飾、服裝、整體配色與故事背景，還是有相當差異可以做為區別。

資料來源：
https://www.openopen.com.tw/story/index.aspx
http://www.pxmart.com.tw/px/pxhtml__freebear.px?ladosidg=1131&icmpid=AD006

為了達到品牌象徵物的功能可以更有效益，也有不少品牌會將其實體化，製作出可運用於實體活動當中，不但可以做為讓消費者可以實際體驗接觸的品牌元素之一，甚至當品牌國際化時，也比較容易跨越文化障礙達到品牌溝通的目的，更可能利用品牌象徵物的獨特性。來增加跨品牌合作的機會。

例如熊本縣的熊本熊，不但以實體化的方式進行品牌推廣，甚至被賦予「營業部長」這樣的職位，更容易讓消費者有真實感。甚至曾多次來台灣宣傳，並與台北的品牌吉祥物互動交流。

還有的品牌象徵物是從創辦人的創意及產品牌特性發展出來，甚至會不斷的演變淨化，更因為品牌延伸的應用，成為消費者眾

資料來源：https://www.kumamon-sq.jp

所皆知的創意代表象徵。尤其是當品牌象徵物存在時間夠長，也長期有在與消費者溝通時，當整體社會環境與生活型態逐漸改變時，品牌象徵物也需要在品牌再造的過程中跟著適度調整形象。

例如米其林 MICHELIN 輪胎的吉祥物 Bibendum 必比登，誕生於 189 年，是創辦人米其林兄弟及設計師的成果。中間 Bibendum 不斷的進化及改版，甚至出現在其他的藝術及影音作品中。也經由品牌象徵物的具像化，讓米其林輪胎的品牌形象塑造成「和善的、強壯的、值得信賴的」。（參考資訊：http://www.michelin.com.tw/TW/zh/why-michelin/the-michelin-man.html、https://guide.michelin.sg/zh_CN/8-fun-facts-about-bibendum）

當品牌象徵物不但能讓消費者了解而且熟悉時，品牌再造時也可以檢視最有價值而且能持續正向溝通的元素，另外因為時代的改變，有些時候品牌擁有高知名度的品牌象徵物，也會應用在品牌標誌當中。不過品牌象徵物的整體元素可能較為複雜，可以萃取適度的部分元素加以轉化，就能達成消費者的記憶連結。

例如麥當勞叔叔之家慈善基金會（Ronald McDonald House Charities）是麥當勞設立的非營利組織，主要關注兒童健康與福祉。在品牌標誌的設計上就是採用原來麥當勞品牌象徵物麥當勞叔叔的元素來延伸。

肯德基的品牌象徵物則是創始人哈蘭．桑德斯（Colonel Harland David Sanders），一樣因為具有高度的品牌識別性，所以被設計在品牌標誌當中。

資料來源：
http://www.rmhc.org.tw/about/mission.html
http://www.kfcclub.com.tw/History.html

4-5

品牌標語

過去品牌標語與可以說是相當重要的品牌識別元素，但這幾年發現在台灣有兩個明顯的趨勢：使用品牌標語來跟消費者溝通的組織品牌明顯減少，以及產品及服務品牌的品牌標語多半轉化為廣告標語，所以替換頻率增加。

第一個趨勢的原因是因為早期的品牌標語常常是組織品牌理念的文字化，但當很多品牌並沒有積極地跟消費者溝通組織品牌時，這樣的文字或口號就會流於形式。第二個趨勢則是因為市場環境變動越來越劇烈，透過廣告創意所形成的標語比較能適時更新調整，也不需要刻意為產品及服務品牌另外發展品牌標語。但在國際上仍有不少組織品牌利用品牌標語來溝通最重要的品牌理念。

例如獲得「2018全球百大品牌再造獎項」（2018 REBRAND 100®）中最佳品牌聲量（Best Brand Sound）獎項的西門子Siemens。品牌再造前沒有特別運用品牌標語，僅以品牌名稱及品牌標誌作為主要溝通元素。

品牌在造後強化的溝通品牌標語「生命的巧思（Ingenuity for life）」，意義是指西門子透過創新和企業家精神的力量，致力於提高消費者的生活品質。代表西門子為消費者和社會創造的價值，也是西門子的品牌理念。這樣的品牌標語除了向消費者傳遞重要的品牌溝通信息，並在組織中培養了以消費者為中心的文化。

通常品牌標語都是以消費者容易理解的簡短文字敘述，用來溝通品牌理念或強化品牌形象。但也有的品牌標語是從消費者的需求滿足來設計。區分品牌標語與廣告標語的差異時，重點在於品牌標語若是經確認並已經與消費者溝通，就是品牌形象的一部分，不應隨意變動，而廣告標語較為短期、也更屬於創造話題或突顯產品或服務的功能層面，但也比較不適合做為最主要的品牌核心訊息。

例如全聯福利中心的組織品牌標語，是從經營理念延伸應用的「實在 真便宜」。事實上這樣的品牌標語不但凸顯全聯的組織品牌特色，更直接讓消費者認知實在和便宜是全聯的經營理念。在廣告標語的應用上，針對消費者希望花費能節省一點，設計過「富不過三代，但來全聯可以一袋一袋省下去」、「省錢

SIEMENS
Ingenuity for life

資料來源：https://rebrand.com/distinction-siemens-best-brand-sound/

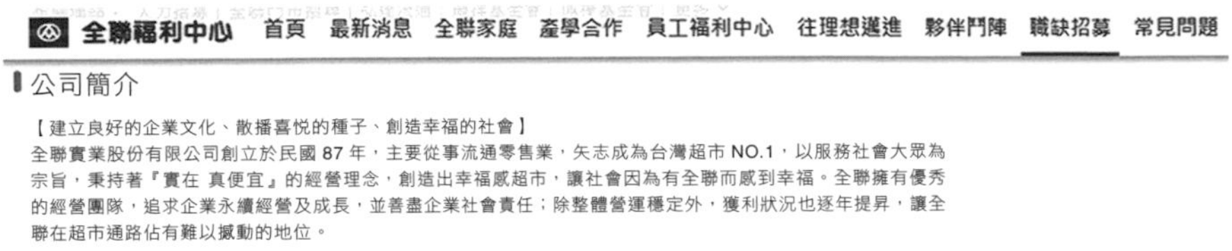
全聯福利中心 首頁 最新消息 全聯家庭 產學合作 員工福利中心 往理想邁進 夥伴鬥陣 職缺招募 常見問題

公司簡介

【建立良好的企業文化、散播喜悅的種子、創造幸福的社會】
全聯實業股份有限公司創立於民國 87 年，主要從事流通零售業，矢志成為台灣超市 NO.1，以服務社會大眾為宗旨，秉持著『實在 真便宜』的經營理念，創造出幸福感超市，讓社會因為有全聯而感到幸福。全聯擁有優秀的經營團隊，追求企業永續經營及成長，並善盡企業社會責任；除整體營運穩定外，獲利狀況也逐年提昇，讓全聯在超市通路佔有難以撼動的地位。

2017年度十大金句：全聯福利中心

富不過三代，但來全聯可以一袋一袋省下去。	全聯福利中心
省錢就像白 T 牛仔褲，永不退流行。	全聯福利中心

默默做　更感動

資料來源：
（1）http://hr.pxmart.com.tw
（2）http://www.brain.com.tw/news/articlecontent?ID=44773
（3）https://www.youtube.com/watch?v=wF-Mn1DE61U

就像白T牛仔褲，永不退流行」以及其他的廣告標語內容。但是並不能就將這些界定為組織品牌標語，更不是產品或服務的品牌標語。

另外集團當中的財團法人全聯慶祥慈善事業基金會則設計了「默默做 更感動」這樣的廣告標語，來傳達組織品牌是有持續為社會服務的。但在品牌標語的部分並不明顯，只有在創辦人的描述中提到「實在真用心」這樣的概念。

4-6

品牌手冊的必要性

很多品牌在建立之初，是沒有想過要製作品牌手冊的。原因很簡單：擔心成本很高而且會被束之高閣沒有實用性。但其實品牌要能長久發展，就是要有適度的控制和規範，而品牌手冊就是有規矩成方圓的管理依據。品牌手冊可以透過教育訓練和共識凝聚，讓組織內外部成員了解並清楚，品牌無形理念到有形的視覺相關內容。更有不少品牌會製作精簡的公開版品牌手冊，讓消費者都能更進一步的認識品牌，也讓有興趣合作或學習的單位可以參考依據。

品牌手冊的內容，大致上可以分為以下幾項：

- 序言
- 品牌發展過程
- 品牌理念
- 品牌文化
- 品牌形象界定
- 品牌故事
- 品牌市場調查與消費者分析現況（定期更新）
- 品牌定位
- 品牌動態管理流程

- 品牌核心價值
- 品牌識別元素
- 相關視覺使用規範
- 內部人員品牌相關行為規範
- 社會責任
- 歷次修訂版本說明

在品牌手冊中，其實有相當一部分在於視覺相關使用規範的說明，所以過去部分品牌認為只要有視覺規範就算是有進行品牌管理。實際上品牌的視覺設計呈現只是結果，整個脈絡則是來自於品牌的長期發展所累積，但因為常常分散在內部資料、企業網站或是不同專案企畫書當中，所以才沒有加以整合，更導致製作完整以及更新品牌手冊相當不容易。以現在的數位管理時代，透過資訊系統其實可以解決多數問題，但重點還是品牌必須願意投入資源去經營維護品牌整體的形象和資產，並將品牌相關重要訊息透過品牌手冊的產出作為一致性的規範參考依據。

例如故宮的品牌標誌識別使用規範部分內容如下：

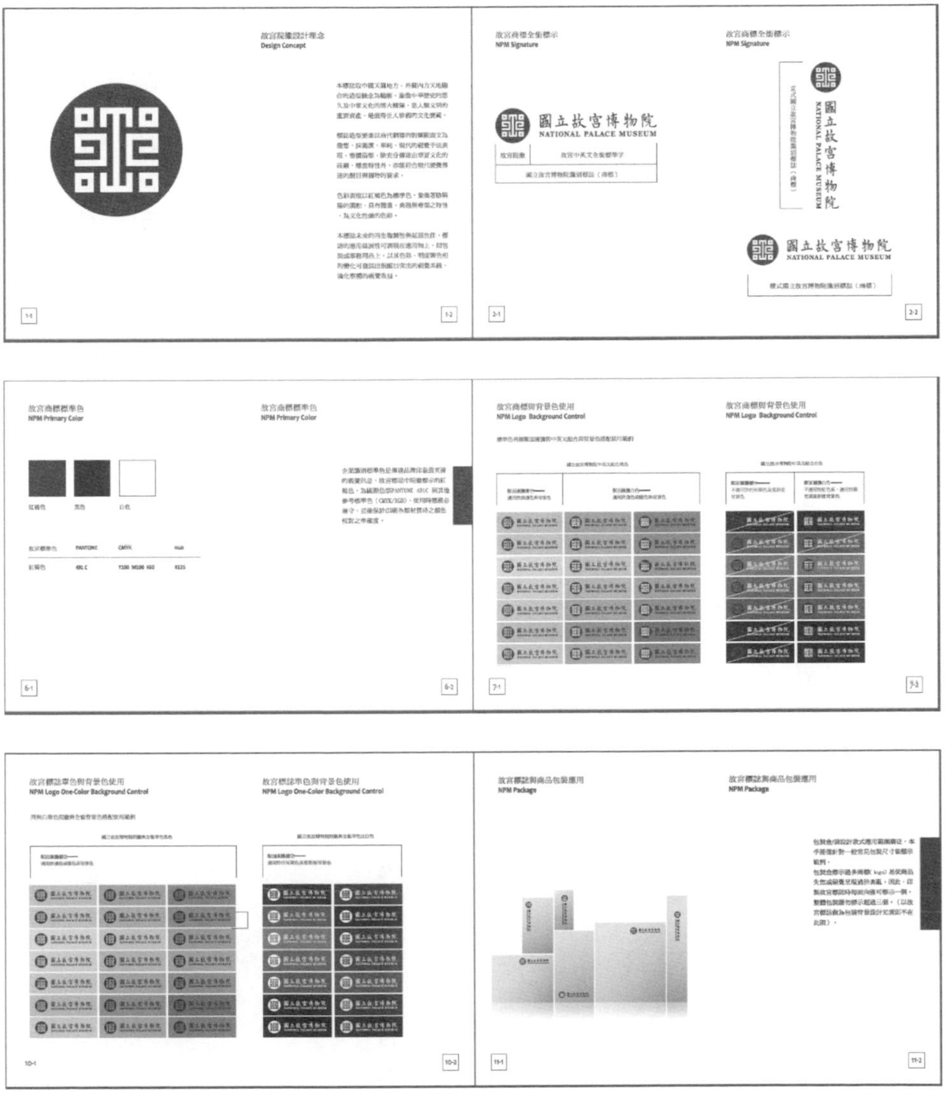

資料來源：https://www.npm.gov.tw/Article.aspx?sNo=02009979

品牌相關視覺使用規範的部分相當廣泛，大致上包含以下項目：

- 品牌名稱使用基本規範
- 品牌標誌使用基本規範
- 品牌象徵物使用基本規範（依需求選擇是否需要）
- 品牌標語使用基本規範（依需求選擇是否需要）
- 內部溝通工具使用應用規範：辦公環境、識別證、名片、專用信封、信箋、制服、交通工具及其他項目
- 外部溝通工具使用應用規範：產品包裝、文宣型錄、招牌、工業廠房、店面裝潢、通路製作物、網站及社群媒體、大眾傳播及其他項目

品牌再造重點

- 您現在的品牌名稱及品牌標誌消費者是否能清楚記得？
- 您的品牌現在是否有品牌象徵物或品牌標語？
- 您的品牌是否有品牌手冊並定期更新？

範例

台灣電路板國際展覽會品牌識別手冊

・品牌識別構成元素：品牌名稱、品牌標誌、品牌標語

・目錄

A-8-2 色彩計畫-漸層色規範
A-8-3 色彩計畫-標準色應用
A-8-4 色彩計畫-輔助色規範
A-8-5 色彩計畫-輔助色應用
A-9-1 色彩計畫-黑白稿應用規範
A-9-2 色彩計畫-標誌彩色與黑白底稿規範
A-9-3 色彩計畫-標誌彩色與彩色底圖規範
A-9-4 標誌標準及禁用規範

應用視覺系統

B-1-1 主視覺海報規範
B-2-1 參展辦法（封面）規範
B-3-1 展覽識別證規範
B-4-1 一般邀請函（信封）規範
B-5-1 VIP邀請函（信封）規範
B-6-1 大會手冊（封面）規範

B-7-1 開幕背板規範

B-8-1 晚宴背板規範

B-9-1 報紙廣告應用規範

B-10-1 電子信紙（Wold版型）規範

B-11-1 網路廣告Banner規範

B-12-1 展場平面圖-封面規範

B-13-1 LOGO排列規範

B-14-1 路燈旗規範

B-15-1 贈品（原子筆）規範

・標誌設計理念：

全球電子產業快速躍進，規格或價格的競爭亦愈發激烈，在電子產品進入戰國時期的當下，TPCA Show將如風帆般引領企業開拓藍海、掌握商機、共存共榮。色彩運用上，藍色象徵：科技、藍海、精

標誌構成元素

企業識別標誌是以象徵圖形、英文 TPCA Show 及展覽領域英文 EAsssembly、Green Tech、PCB、Thermal 三個元素組合而成，象徵圖形與標準字字體及字距不可更改，所有構成元素需以整體為考量，不可局部做改變，以利品牌形象建立與識別。

A.

B.

TPCA Show 2015

C.

| EAssembly | Green Tech | PCB | Thermal | Flex & Printed |

資料來源：www.tpcashow.com/wp-content

確、信任、忠誠、智慧，傳達出台灣電路板國際展覽會提供會員全方位且優質的服務品質。綠色象徵：自然、環保及綠能，再結合三道向上跨領域的品牌精神「資訊交流、技術研發、交易平台」傳達出台灣電路板產業引領時代的脈動，邁向跨紀元的科技時代。

範例

K組織品牌識別再造計畫範例

組織品牌識別現況調查

- 組織負責人的品牌理念確認
- 利害關係者的品牌認知確認
- 消費者對認知的組織品牌名稱和標誌意見

分析現行識別系統及要素

- 現行組織品牌識別確認
- 主要產品及服務品牌識別確認

導入新組織品牌識別系統的主要元素

- 重新溝通品牌理念
- 修正組織品牌故事
- 品牌識別系統的再構築
- 辦理品牌標誌等商標登錄必要法律措施

製作新版品牌識別設計運用規範書

組織品牌內部溝通及教育訓練

整合行銷傳播溝通運用

- 公關媒體曝光
- 組織品牌形象影片製作
- 使用原來組織品牌識別系統的產品品牌促銷方案
- 數位及社群策略溝通

監測新組織品牌識別系統的消費者認知

生存 //

品牌要活下去還是必須憑實力

要怎麼擬定策略讓品牌能夠獲利？
整合行銷傳播真的那麼花錢嗎？

C
H
5

5-1

品牌
延伸

品牌在擴張和發展的過程中，是必須要考量到品牌延伸的可能性。但如何在延伸之後還能維持原來的品牌形象與品牌價值，就必須相當的謹慎小心。品牌延伸也必須謹慎，因為如果品牌延伸效果不佳或失敗，不但破壞消費者對組織品牌的信任，也影響了原本產品或品牌的形象。例如原來是以沐浴清潔為主的品牌，延伸出居家清潔的品牌或許還能維持品牌形象的一致性，但要是突然開了品牌拉麵店，消費者就會有些困惑。

這時作為延伸前的核心品牌，就必須先判斷自己的形象當下在消費者心目中的認知，以及在延伸後如何向消費者溝通。而在品牌再造的階段，重新整頓現有的品牌延伸系統是相當重要的。首先要釐清品牌原本的定位及形象，再將組織品牌下的子組織品牌加以整頓。最後盤點產品及服務的品牌延伸，並決定保留哪些品牌、刪除哪些以及重整哪些品牌。

組織品牌在發展商品與服務品牌延伸時，常常會先以自身相同的名稱命名。目的在於讓消費者能對組織品牌及產品及服務品牌同時產生認知。但當品牌再延伸同一產品及服務類型，希望針對不同消費者訴求差異性時，就會發展出同時有與組織品牌名稱相關與不相關並存的產品及服務品牌。

例如統一企業集團的速食麵／麵條這個產品類別，就有統一麵、統一脆麵及統一調和米粉等是以〝統一〞作為商品品牌名稱。但為了在市場擁有更高的佔有率，也可以讓消費者在就算不認識組織品牌的情況下也可能會有興趣購買商品品牌，就發展出了滿漢大餐、來一客、科學

資料來源：http://www.pecos.com.tw/brands.html

資料來源：http://www.pec21c.com.tw/index.html

麵等商品品牌。

同樣的，在統一超商的轉投資事業中的餐飲事業群，自有的組織品牌是21世紀生活事業股份有限公司，但是店面開設的服務品牌是「21風味館」以及「21PLUS」，而店面所提供商品包含烤雞、炸雞、薯條等等食品，其中「21香草烤雞」就是以組織品牌及服務品牌延伸出的商品品牌名稱。但其他所提供的商品若是並沒有被命名，那就是僅止於商品而不是「商品品牌」，例如香脆炸雞這個商品，並沒有品牌的概念，自然名稱也沒有專屬性。

很多的品牌經營者常常忽略品牌延伸不是只考慮產品或服務本身，總是認為換個品牌名稱就可以避免讓消費者產生認知衝突。並非一個完整的品牌經營思維來規劃品牌延伸的策略。有時因為從品牌理念來思考及評估，產品及服務的品牌延伸會受限只在特定產業或類似類別發展，這樣的延伸可以讓消費者對於組織品牌的堅持更了解，也可以更明確的記憶品牌形象。

例如Kao花王集團的品牌理念之一，就是「在促進清潔、美與健康生活的日用品及增進產業界發展的工業用品的領域上，提供消費者、消費者都能共享感動的有價值的商品及品牌」，因此就在品牌的發展和延伸上，都圍繞在能貫徹理念的產品與服務。

所以花王集團的產品品牌，都是以消費者是常使用的身體肌膚清潔、健康保養以及居家清潔及相關，作為主要的品牌延伸的考量。當消費者想起花王這個品牌時，就能產生明確的品牌形象。

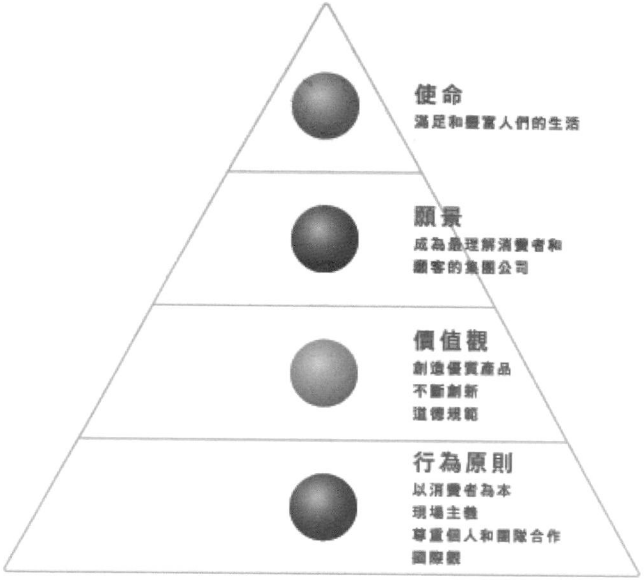

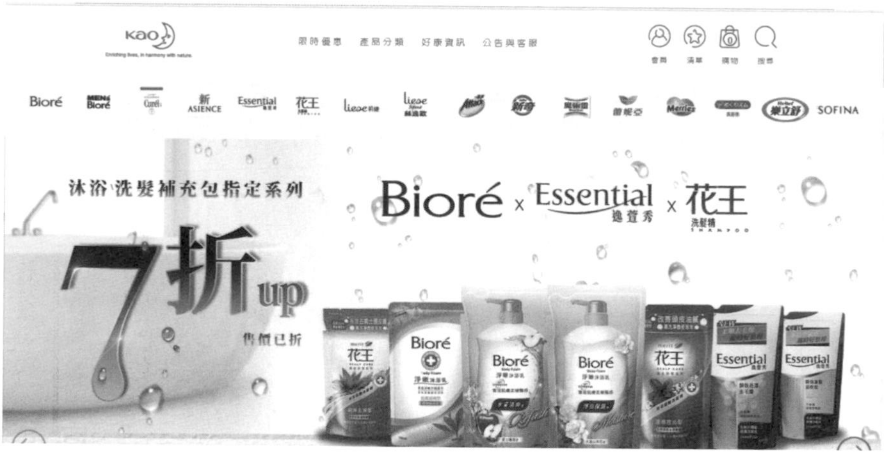

資料來源：https://www.kaosmile.com.tw/

若是組織品牌內有許多不同名稱但性質相近的品牌，因為有時因為過度的品牌延伸，當延伸後的結果區隔不夠明顯，也沒有持續去溝通品牌之間的差異時，消費者在選擇上可能就會回歸理性的產品及服務的功能。所以必須透過品牌內部差異化定位來區隔，才能讓延伸出的品牌之間都有生存的空間。

例如 Nestlé 雀巢集團旗下擁有多個咖啡相關的產品及服務品牌，若是都以 Nescafé 為名的產品，消費者的購買考量則是以成分、風味等來考量，但若是 Nescafé Dolce Gusto 與 Nespresso 都是咖啡機來說，因為品牌名稱不完全一樣，品牌定位也不同，所以消費者就能從品牌形象來產生差異認知。

而在連鎖咖啡店的市場中，之前 Nestlé 雀巢集團尚未有明確的品牌延伸策略，現在則

參考資訊與資料來源：
https://www.nestle.com
https://udn.com/news/story/7270/2703533

資料來源：http://www.fbc.com.tw/j2fbs/fbc_tw/about/about_year_8.html

是運用品牌併購的方式，將Blue Bottle藍瓶咖啡納入品牌版圖，達成品牌延伸的完整性。

品牌延伸也是有一定限制的，有時同一集團內的有數個組織品牌，但為了一致性延伸品牌因為使用相同名稱，但是集團本身的屬性跟旗下組織品牌的功能屬性，在消費者認知中是有所衝突的，而導致消費者無法理解或接受。當集團品牌的形象已經在消費者心中有具體的認知，組織品牌的產品及品牌對消費者來說，就不一定刻意的產生高度連結，若是已經產生這樣的問題就必須運用品牌再造來重新規劃。

例如「台塑生醫科技股份有限公司」的組織品牌，會讓消費者與母集團「台塑集團」產生聯想，但塑膠工業的形象不一定對生醫產品的形象有正面助益，直到近年來重新訴求 FORTE 這個產品品牌，才讓消費者逐漸接受。

當組織品牌不但清楚自己在維持市場需要的產品及服務廣度規模，以及消費者需要的實質產品及服務滿足之外，更高層次的品牌價值和品牌形象，就必須透過策略性的品牌延伸來達成。有些集團品牌在國際市場上扮演的重要角色，滿足的消費者需求和品牌高度都是全球性等級的，此時的品牌延伸策略就更為複雜及廣泛。

例如 P&G 寶僑家品集團旗下的全系列品牌組合是圍繞 10 個具有領先市場地位的產品類別，包括嬰兒護理，織物護理，家庭護理，女性護理，美容護理，美髮護理，家庭護理，口腔護理，個人護理以及皮膚和個人護理。目的在於提供給消費者日常相關每個層面的需求滿足。（參考資訊：https://us.pg.com/who-we-are/structure-governance/corporate-structure）

比較特殊的品牌延伸則是透過組織品牌的併購而發生，有的是保留主要的出資組織品牌而消滅被併購的次要組織品牌。另一種則是兩者合併而成立新的組織品牌。這時組織品牌必須先進行再造，才能重新審視及判斷哪些產品及服務的品牌需要調整。

例如亨氏（Heinz）和卡夫（Kraft Foods）宣布合併，組建成新的卡夫亨氏集團（The Kraft Heinz Company），新集團的品牌標誌採用純字體設計，融合了卡夫和亨氏原來的字體風格和顏色搭配。

合併後的卡夫亨氏集團旗下產品品牌原則均保留，甚至包含亨氏及卡夫原來的產品牌品，

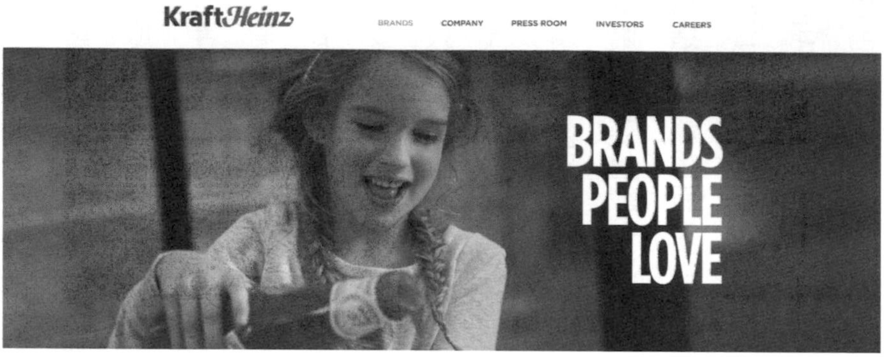

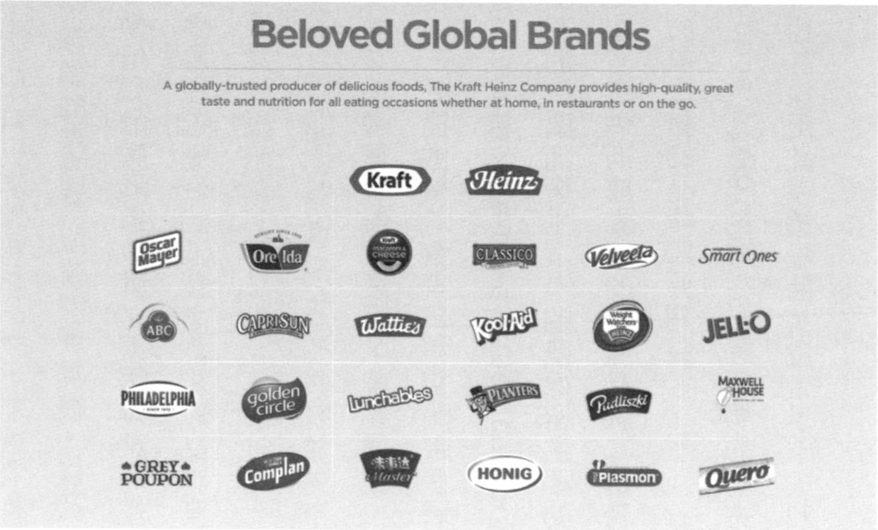

資料來源：http://www.kraftheinzcompany.com/brands.html

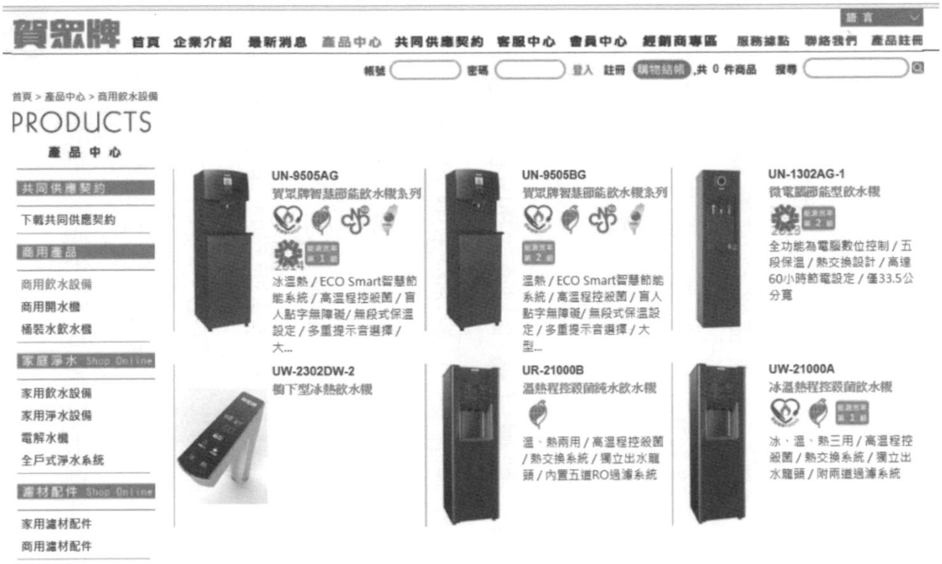

資料來源：http://www.9000.com.tw/home/products.php?sortid=c4ca4238a0b923820dcc509a6f75849b

而這兩個產品品牌標誌則維持不變。

還有一種品牌延伸是交易對象的的改變，也就是B2B市場延伸到B2C市場。B2B品牌原本主要的品牌交易對象是公司、政府及其他組織，進行品牌延伸到B2C時，交易對象則增加了一般消費者，除了必須特別研發並推出合適的產品及服務，更要同時調整品牌形象的溝通內容。而此時品牌再造的關鍵還包含的營運模式的重新建立，以及品牌內部人員思維的再教育。

例如本來是以學校及公家機關為主的飲水機品牌「賀眾牌」，進軍一般居家賣場銷售家庭用的款式。在品牌形象上，賀眾牌已經在B2B上有相當的地位，使用者也有基本記憶，當延伸到B2C時就能更容易讓消費者接受。

或是反過來從B2C市場延伸到B2B市場，這時的品牌延伸就是為了能上消費者在使用A品牌時，也能看到自己熟悉而且偏好的B品牌，這對兩個品牌都有加值的效果。但必須小心的是過度延伸時，可能會導致消費者心中的品牌價值衰退。

例如原本是以一般消費者為市場的L'OCCITANE歐舒丹增加專為高級飯店提供的保養沐浴組。當消費者在選擇飯店時，看到歐舒丹時會有價值提升的效果，對歐舒丹來說也是實質收益的增加和市佔率的提升。

在營運模式的思考下，還有一種品牌延伸是在品牌形象與品牌識別元素都維持在一致性的情況下，透過連鎖加盟的授權方式來進行。此時組織品牌就會有位階之分，總公司實

資料來源：https://tw.loccitane.com

質上擁有商品及服務品牌的一切授權的權利，而加盟的個人或組織則擁有在授權範圍內的品牌使用權利。連鎖加盟的模式大致分為：

- 自願連鎖加盟：加盟者向品牌總部繳付加盟金（權利金）以取得加盟權利。品牌總部授權使用品牌識別元素及提供產品及服務，但是只負責部分流程、行銷及營運管理等規劃與執行，對加盟者的約束力較低。加盟者負責連鎖品牌的基本投資，在被授權範圍內進行品牌的營運、人員管理及行銷活動執行，營業利潤原則屬於加盟者。
- 特許連鎖加盟：品牌總部以協議或契約方式，特許授權加盟者使用品牌識別元素及提供產品及服務，並負責流程、行銷及營運管理等規劃與執行。通常品牌總部擁有最終決策權，加盟者與要共同負擔連鎖品牌的基本投資，營業利潤也必須與總部分享。
- 委託連鎖加盟：品牌總部提供加盟者營運連鎖品牌的一切營運需求，所有權均屬於品牌總部。加盟者給付品牌總部加盟金或權利金，並提供保證金或擔保品作為合作條件，雙方依事前協議或合約議定的比率分享利潤，加盟者自行負擔管銷費用，並且只擁有營運連鎖品牌的權利。

例如芝麻街 Sesame Street 是全美收視之冠的兒童節目，是由美國 Children's

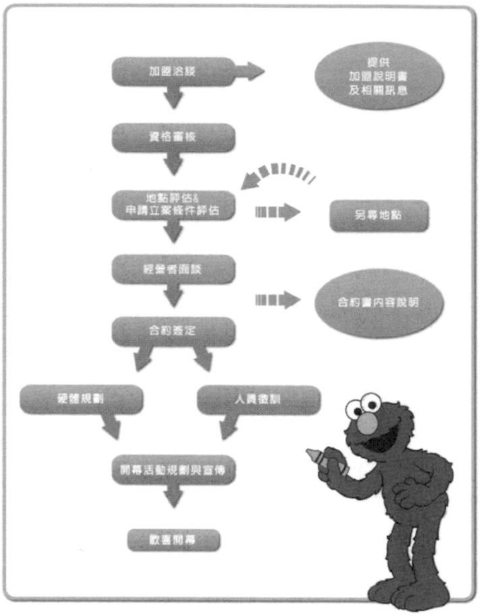

資料來源：http://www.sesamevillage.tw/Joinus04.php

Television Workshop（C.T.W.）所製作獲得131座艾美獎與終生成就獎，並先後在全球一百四十國推出。C.T.W.（後改名為Sesame Workshop美國芝麻工作坊）為因應非英語系國家小朋友學習英文的需要，製作一套有系統的英語學習教材，並已成為全世界非英語系國家公認最佳的英語學習教材。芝麻街的連鎖加盟規範內容如下：

- 可使用總管理處授權範圍內之芝麻街招牌、教材、商譽、商標（CIS）等企業識別系統。
- 可免費參加總管理處所提供之師資培訓、師資推薦及督課申請等服務。
- 可使用經美國芝麻街總公司（C.T.W.）合法授權的完整教材。

- （美國 Sesame Workshop 相關智慧財產權之全球授權，自 2010 年 10 月 1 日起將改由日商 Nagase Brothers Inc. 取得，本公司並已於 2010 年 2 月 3 日與 Nagase Brothers Inc. 簽定台灣地區獨家再授權合約，並享有續約的權利。）
- 取得全套經營管理手冊，並可免費參加總管理處所提供之經營者及櫃台人員班務訓練。
- 參加總管理處所主辦或協辦的大型活動。
- 取得總管理處所提供的經營管理 Know-how 輔導與全方位教務規劃。

品牌再造重點

- 您的品牌現有延伸策略是什麼？是否明確還是沒有方向？
- 您的延伸品牌策略是否能讓消費者產生更高的品牌認同？
- 您的組織品牌與產品品牌間是產生消費者的認知失調？

5-2

國際
品牌發展

品牌在發展的過程中，幾乎都會考慮擴張甚至進入國際市場。最重要的原因就是常常國內的單一市場若是不夠大，或是原有市場成長力緩慢時，會限制的品牌成長的空間，甚至當其他國際品牌競爭者進入市場時，更會導致品牌生存的風險增加。同時若能提升海外市場的能見度和營收，就能為品牌創造更龐大的利潤，並利用規模經濟降低成本。

例如希爾頓飯店集團，擁有除美國外全球範圍內「希爾頓」商標的使用權，在國際品牌的發展策略下，在 84 個國家的 4,080 家酒店，包括超過 672,000 間客房。集團擁有、管理或特許經營多種品牌，其中包括華爾道夫酒店及度假村、港麗酒店及度假村、希爾頓酒店及度假村、希爾頓逸林酒店、大使套房酒店、希爾頓花園酒店、漢普頓旅館、Homewood Suites by Hilton、漢普頓套房酒店、Home2 Suites by Hilton 和希爾頓度假大酒店。（參考資訊：https://www.hilton.com/en/corporate/）

組織規模與營收都相當巨大的國際品牌，為了達到品牌的形象一致性，高額的行銷費用是必須要支出的成本。但當達到一定程度的忠誠消費者支持後，就能適度降低整體的溝通成本，還能維持原來的品牌價值。將自身的品牌形象、來源國文化與目標消費者的需求相互連結，才能真正的達到跨國市場的接受與認同。

例如百勝餐飲集團中國總部於 1993 年在上海成立。它為中國大陸直營、合資和特許經營的肯德基、必勝客、必勝宅急送、東方既白餐廳提供營運、開發、企劃、財務、人事、法律及公共事務等方面的服務。截至2016中國百勝旗下肯德基已成功地在中國大陸的1100多個城市和鄉鎮開出了近5039家餐廳，必勝客在超過130個城市擁有超過1610家歡樂餐廳，還有100餘家必勝宅急送和15家東方既白餐廳，中國百勝目前是百勝在全球業務發展最快的市場。（參考資訊：http://www.yumchina.com）

然而品牌國際化必須付出的成本和代價也相當大，必須先考慮現有的品牌規模、長期的發展是否有具體策略方案，並估算品牌每個階段的預期效益與盈餘。再來是針對每個準備進入的市場重新擬定價格策略、營運模式、財務及稅務評估、行銷策略以及尋找合作夥伴。最重要的是品牌進入國際化時，必須依照發展階段是先規畫品牌再造的時間及目標，包含既有的品牌識別、形象以及整合行銷傳播計劃都必須適度調整，才能達到進入的目標。至於品牌文化和理念則應該維持，才不會背離初衷。

例如台灣摩斯漢堡「MOS BURGER」是由東元集團旗下安心食品公司與日本摩斯漢堡合資成立，台灣安心由東元集團與家族持股達45%，日商魔術食品持有30.31%；在大陸與澳洲市場，魔術食品持股僅20%，安心持股40%。安心食品服務股份有限公司以連鎖餐飲店面之經營，從事漢堡、點心、飲料等相關餐飲食品之調理。（參考資訊：http://www.teco.com.tw/about、http://www.mos.com.tw/index.aspx）

但品牌國際發展並不應該只思考品牌本身，例如一家連鎖咖啡企業要進入國際市場，並不只是不同國家開幾家店而已。進入市場後是否能讓在地消費者認識或接受產品及服務是最基本的，進一步讓消費者能肯定品牌的理念甚至能有興趣認識台灣文化，更是這個品牌在整體國際市場當中更有品牌價值的層面。所以常常在企業品牌國際化的同時，國家品牌或是城市品牌也都扮演了重要的支持角色，有時更必須適度的給予相關協助。

例如由新加坡 CSR Works International 公司主辦的「亞洲永續報告獎（ASRA）」，旨在表揚 CSR 報告和溝通最佳實踐組織。歐萊德（O'right）獲得「亞洲最佳永續報告」中小企業類（SME）首獎。歐萊德打造全球最綠的「綠色建築」，加上「綠色包裝、綠色物流、綠色貢獻」，四大作為，自 2012 年起累計地球減碳破百萬公斤數。響應巴黎氣候峰會，更透過產品與配方的升級，自主提高減碳成效達 80%。（參考資訊：https://www.oright.com.tw/web/news.php?category=news&id=902）

維持品牌在國際化後的產品及服務品牌品質，是在國際化之前必須思考並規劃的重要問題。當品牌成為單一主體時，不論是組織品牌以分公司、子公司或是地方授權，或是產品在不同的地方生產、製造包裝，服務人員的在地化培訓。甚至是非營利組織的各國分部、國家的辦事處甚至城市象徵物的國際授權。事實上稍有不慎，品牌再不同的國家、區域只要沒有維持住一致的品牌形象和建立消費者的品牌核心價值，都可能危及整個品牌的持續發展。

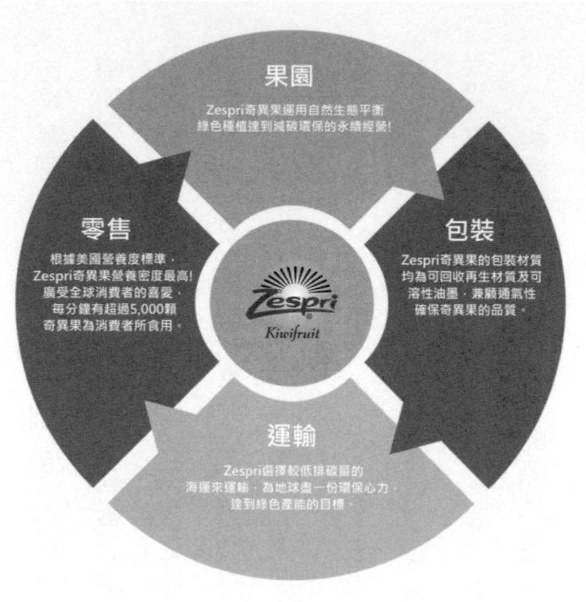

資料來源：http://www.zespri.com.tw/storyofzespri/page_04.php

例如 Zespri 奇異果出口至全球 60 多個國家，必須建立嚴格的 Zespri 專屬品質管理系統才能一次符合所有進口國的檢驗標準。這套系統涵括「果園」、「包裝」、「運輸」及「零售」各範疇的管理，並在各國展開減碳行動以盡品牌的社會責任與價值建立。

品牌再造重點

- 您的品牌經營過程，是否有想要進入國際市場？
- 您的品牌禁入國際市場後的發展策略是什麼？
- 您的品牌若已經進入國際市場，是否有維持一致的品牌形象？

5-3

品牌整合
行銷傳播

「整合」這個用語，最重要的在於一致性、系統性且有規畫。品牌整合行銷傳播的出現，是因為本來在進行品牌溝通時，必須透過不同的媒體媒介，但卻可能產生品牌訊息不一致的問題。所以現在品牌必須先進行整合行銷傳播策略的策略擬定和企劃撰寫，決定發出訊息的管道，以及傳遞出的訊息一致。最終要使品牌本身、媒體以及消費者都能產生一樣的認知，那能達到完整的溝通成效了。

若是品牌是上位概念，組織、產品及服務則是第二層實體項目，但只有產品及服務本身會有第三層的行銷管理項目，包含價格、通路及銷售促進。而整合行銷傳的應用過去很容易人錯誤使用，就是因為在於位階的存在問題。整合行銷傳播的重點在於以品牌為核心，

全品牌整合行銷傳播層級圖

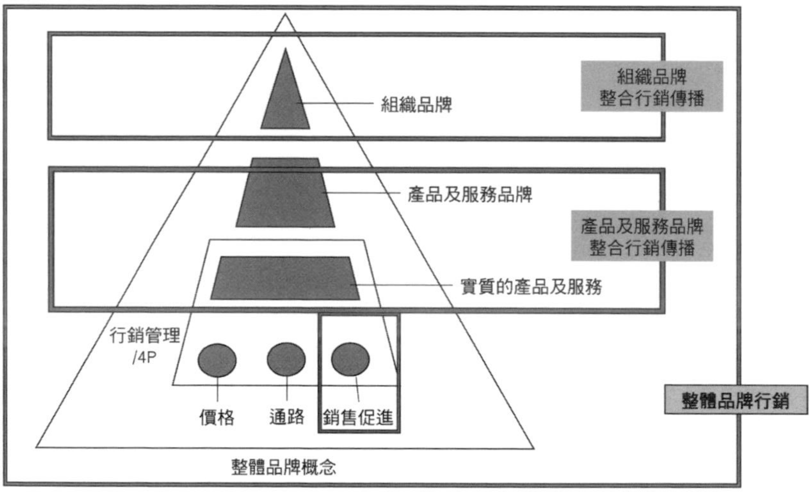

資料來源：作者繪製

原因就在於溝通的結果是提升品牌資產，當然就包含的有形的收益和無形的形象。

若只是要提升銷售，就不需要如此勞師動眾，選定特定銷售推廣方案即可，至於價格策略和通路（供應商）策略是屬於營運生存的行銷管理項目，並不應該跟傳播工具和銷售促進混唯一談，筆者將概念整理為「全品牌整合行銷傳播層級圖」。

品牌再造時透過整合性策略規劃，以品牌溝通為中心並且整合多種傳播工具，將設計好的訊息能正確傳達給消費者並且達成溝通目標。品牌整合行銷傳播的效益在於接觸點的成效達成，透過不同媒介來產生的接觸點對消費者也會產生不同的效益，但經由綜合效益的產生達到理想的品牌溝通結果。品牌整合行銷初步規劃大致如下：

年度整合行銷傳播主題規劃

- 主題規劃
- 主題策略
- 主題敘述
- 主題目標

年度整合行銷行銷傳播企劃

- 根據主題制定年度傳播目標
- SWOT 分析、5 力分析、STP 分析

- 根據市場行銷計畫、市場發展趨勢，制定年度傳播目標
- 界定不同目標觀眾在過程中扮演的角色、行為和特點
- 發展年度品牌傳播主張
- 界定不同傳播工具所扮演的角色
- 行銷傳播活動手法組合（針對不同目標消費者、不同傳播目的而有所區分）、傳播活動的時間表、傳播計畫費用建議等。
- 年度傳播媒介計畫

根據品牌不同的需求，以及擬定的整合行銷傳播計畫規模，運用的傳播工具還是會有所差異，筆者提出完整的整合行銷傳播工具如下：

- 廣告與媒體採購
- 公共關係
- 合作贊助行銷
- 體驗行銷
- 事件行銷

- 會展行銷
- 促銷
- 人員銷售
- 關係行銷
- 數位行銷

很多傳統的行銷傳播工具，最大的困境就是費用偏高和受眾減少，但不能忽視的卻是仍有相當高比例的使用者，對於傳統訊息的接受與習慣。對於從傳統媒體出發，結合各種策略分析與行銷傳播工具而發展起來的整合行銷傳播，也隨著趨勢的改變而更必須與日俱進。其中最明顯的就是數位行銷的重要性。

因為品牌整合行銷傳播，需要應用到的媒體溝通層面，以及在不同的情況下應該使用什麼傳播工具，都會引起消費者不同的反應，

品牌整合行銷傳播工具

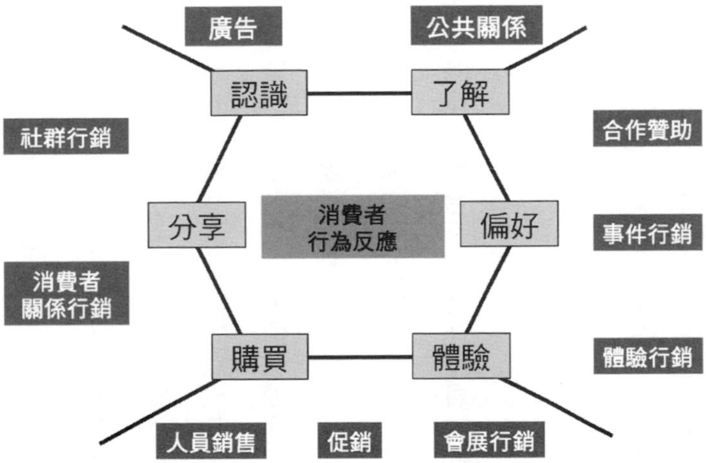

資料來源：作者繪製

所以筆者提出「品牌整合行銷傳播工具應用對應圖」，將消費者對於品牌的反應分為「認識‧了解‧偏好‧體驗‧購買‧分享」六個階段，原則上可以在不同的階段應用合適的傳播工具。

但必須注意的是，品牌再造時常常會有消費者過去已經產生的認知及經驗，甚至已經有負面及不佳的情況發生，所以並不能單純以建立消費者新的認知角度來思考，而是必須從如何克服原來出現問題部份加以修正改進，或重新建立溝通品牌形象的傳播計畫及對應階段為主。

在現在及未來的消費市場中，實體與虛擬的連結將更加緊密，品牌的形象也必須從更多元的面向來累積建立。在過去透過搜尋排序、購買關鍵字的時代，消費者會因為「慣性」而閱讀以及取得資訊，但在網民當道的時代，疲勞轟炸的行銷方式反而容易造成反效果，刻意營造的品牌形象優勢也可能不在這麼有用。以下分別說明品牌再造時應用整合行銷傳播工具時的評估與思考：

- 廣告與媒體採購：過度的分眾導致包含電視廣告、平面廣告（雜誌、報紙）、甚至交通戶外廣告，能達到溝通的成效都持續下降。但卻因為媒體採購的成本在透過整合購買的方式，反而使得更多中小型品牌可以嘗試。
- 公共關係：單純的期望透過議題來獲取媒體自行報導曝光的機會越來越不容易，但是擁有足夠創意和話題的品牌，仍然是媒體寵兒。記者會及媒體活動也必須更多元結合閱聽眾的興趣，甚至結合體驗行銷與社群行銷，業配公關與公益行銷結合也還是有助於正面提升品牌形象的。

- 事件行銷：大型的品牌演唱會、路跑、野餐日甚至園遊會，都還是消費者願意參與的品牌活動。但如何讓消費者清楚在事件行銷動中的品牌重點訊息，以及讓消費者主動參與是重要的課題。實體活動的安全性和與其他競爭品牌活動的差異性，也是必須重新思考的問題。
- 會展行銷：自辦展的成本因為場地多元性有降低的趨勢，也讓更多品牌在不想受到其他廠商影響下進而嘗試運用。傳統的大型主題展，若是沒有清楚的品牌參展策略，容易成了相對無效的操作，尤其是同值性高卻多無亮點的展會，成了參展品牌企業和參觀者心中的「雞肋」。
- 體驗行銷：體驗行銷將越來越重要，AR、VR或是MR，都會是增加品牌體驗的應用工具。但消費者也越來越沒有耐心，所以如何讓體驗活動發揮創意結合其他行銷傳播工具，以及增加體驗場次與控制體驗活動所需時間，會是重要課題。
- 促銷與人員銷售：傳統的促銷方案和人員銷售手法，也在數位時代越來越無效，尤其是刻意操作的價格誘因。一旦立即上網比較，所謂的優惠可能反而不存在。人員銷售的話

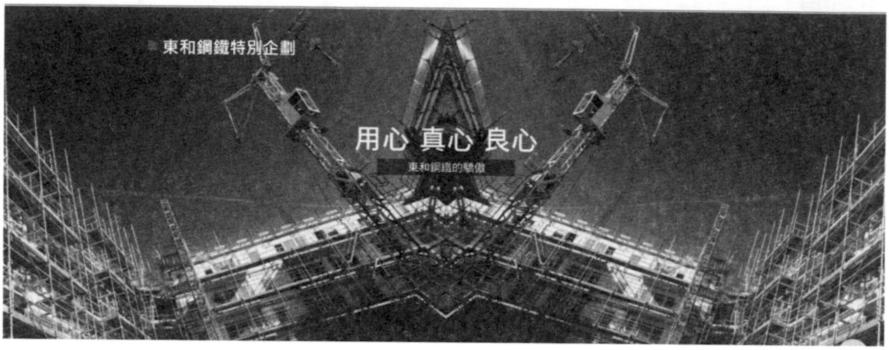

資料來源：http://www.treetech.tw/tunghosteel/

術、手法及相關輔銷工具，也必須更日新月異的貼進消費者。

・數位行銷：對於過去高額投資在傳統媒體廣告及置入的品牌來說，同樣是要增加與受眾連結的機會，網紅的合作也是選項之一。直播透過了專業的直播平台，甚至是社群媒體的直播功能，都成了品牌、個人及組織直接連結目標受眾的方式。在行銷規劃時，內容規劃、平台效應和工具選擇都成了經費投入的差異。社群行銷的應用上，除了粉絲專頁的資訊外，社團更是資訊的重要來源，未來卻可看到更多的品牌透過清楚鎖定受眾的社團，投以贊助或合作的方式來行銷，此時「社團人數」不會是重點，而在於「凝聚力」。

數位時代的來臨讓品牌再造時，運用整合行銷傳播上有更大的空間，消費者是不會完全捨棄傳統的訊息接收方式，更何況消費者仍然持續的在接受訊息時，同時也在抗拒過度操作的行銷手法。太多的品牌用數位溝通就會降低效益，過度的SEO搜尋和排序優化，也使得消費者更相信自己的判斷而非推薦。不只是B2C品牌，B2B品牌在再造時，虛實整合及新科技的整合行銷傳播應用上也相當有效益、真正的瞭解消費者並給予合適的傳播方式和內容，才能達到溝通的最佳效益。

例如東和鋼鐵雖然是標準的B2B品牌，但仍然希望透過與消費者直接溝通，強化品牌的正面形象。包含運用電視廣告、專家的職人問答、專業文章的知識管理、人氣插畫家的活潑呈現方式以及動畫製作鋼鐵相關議題，讓消費者能容易理解議題，同時對品牌產生認同感。

5-4

品牌
接觸點

品牌接觸點是指品牌與消費者接觸的一切連接點，而所有的品牌訊息都是透過品牌接觸點來傳遞，主要分成常態性品牌接觸點以及短期品牌接觸點。常態性品牌接觸點可從消費者對品牌的購買及使用經驗來規劃，例如消費者實質取得的商品包裝、可能購買的通路陳列、人員銷售時的話術甚至客服電話、品牌網站、品牌APP。短期品牌接觸點則包含了進行整合行銷傳播時所使用的電視媒體、戶外廣告看板、大型體驗活動以及會議展覽場域。因此品牌接觸點在管理時，就必須同時注意接觸點本身的合適度及呈現效果，以及傳遞的品牌訊息內容是否有正確傳達。

例如BMW集團同時整合BMW總部、BMW世界（BMW Welt）及BMW博物館，（BMW Museum），不但成為品牌形象的完整象徵，同時也成為所在城市的地標建築與城市文化中心。成為指標性的品牌接觸點，消費者可以透過預約體驗BMW規劃的品牌體驗之旅。（參考資訊：https://www.bmw-welt.com/en.html）

在進行品牌再造整合行銷傳播時，必須有系統的將訊息透過重新評估過的品牌接觸點，讓消費者能清楚的接收訊息。也因為所運用的多為短期接觸點，所以在目的達到後就能暫停主動的訊息傳遞，也能達成本的控制。但當重要的品牌訊息希望繼續被消費者自主性的取得，就要轉換品牌接觸點的應用。例如新產品品牌的電視廣告在播出後，為了能讓消費者繼續接收到品牌訊息，就必須轉移放置在包含品牌網站、YouTube的品牌頻道、甚至品牌的社群粉絲專頁。

例如 MercedesBenz 賓士會將近期的廣告、行銷活動甚至品牌形象影片都放在 YouTube 的品牌專屬頻道上，不但能讓有興趣的消費者主動接觸，甚至成為其他接觸點的連結集合。（參考資訊：https://www.youtube.com/user/MercedesBenzTV/featured）

透過關鍵的品牌接觸點溝通，並且依照不同的等級與目的來投資品牌接觸點，才能同時將品牌形象和品牌生存的目標達成。在品牌沒有將整體相關內容和外在溝通策略規劃清楚前，自然品牌訊息就會充滿混亂和矛盾，甚至導致品牌危機。透過品牌再造能重新的將品牌訊息一致性的調整，同時整頓品牌接觸點是否需要調整或同時再造。做為品牌再造溝通時是否有效達成消費者連結，品牌接觸點就必須適時的盤點與檢視。品牌接觸點的重整可以分為五個重點：

- 現存品牌接觸點的全面盤點
- 現存品牌接觸點的管理機制與規範
- 確認關鍵品牌接觸點
- 新品牌接觸點的管理、整體規劃和規範
- 新品牌接觸點的監控與效益評估

例如 JEEP 在中國大陸運用實體門市與品牌網站進行串聯，包含企業品牌及產品相關資訊介紹、相關行銷活動說明以及購買流程連結，以及消費者問題諮詢。讓 JEEP 的品牌接觸點在實體跟虛擬都能完成最終的銷售步驟，也能完整的溝通品牌形象。

擁有越高的品牌知名度，也代表需要維護的接觸點數量越龐大。此時必須將消費者分類，但並不是從單純品牌定位的角度對應消費者，而是從接觸點集合的角度。分類之後針對不同的消費者群體，根據媒體的特點和品牌資源的來確定接觸點的溝通內容和傳播頻率。

例如 FireFox 火狐流覽器開發商 Mozilla 基金會，2013 年在全球移動通訊大會上正式推出移動作業系統「FireFox OS」，同時設計了一套全新的品牌設計形象。從移動設備的「自由性」取得靈感，火狐流覽器圖示中的那只環繞星球的那只狐狸，通過突出“火尾巴”

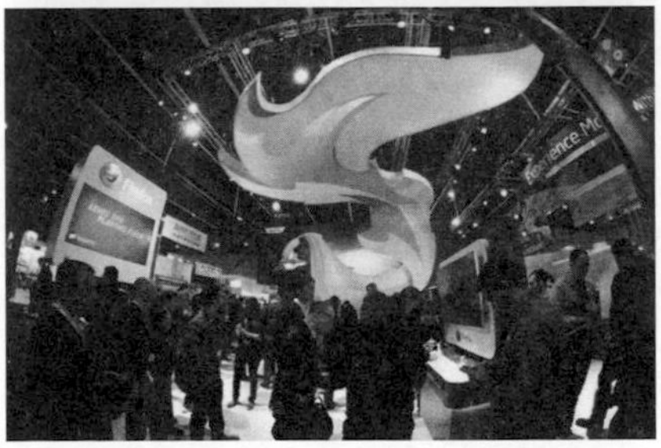

資料來源：
http://parts.jeep.com.cn/goods/list/car.html
http://www.ad518.com/article/id-4666

全面品牌接觸點管理

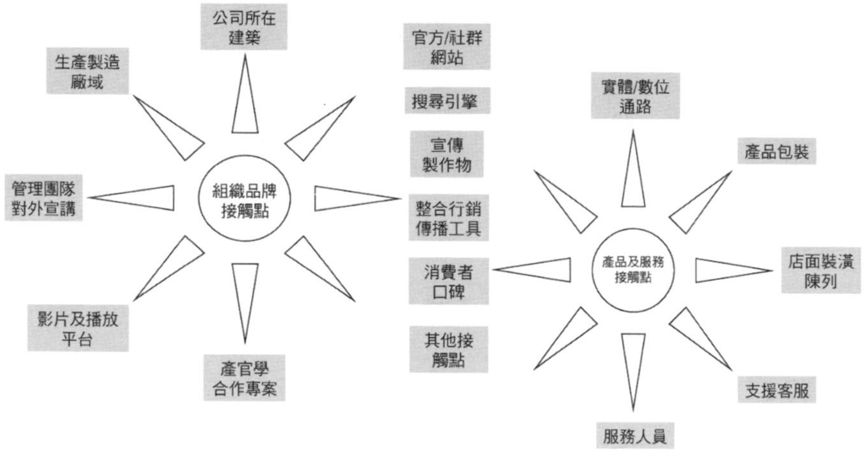

資料來源：作者繪製

品牌整合行銷傳播工具接觸點類別表

品牌整合行銷傳播工具	接觸點							
	電視	紙本	廣播	戶外看板	交通媒體	特定場域	實體店面	數位網路
廣告與媒體採購	V	V	V	V	V	V	V	V
公共關係	V	V	V	V	V	V	V	V
合作贊助行銷						V	V	V
人員銷售	V		V			V	V	V
促銷	V	V	V	V	V	V	V	V
事件行銷						V		
會展行銷						V		V
體驗行銷					V	V	V	
關係行銷							V	V

資料來源：作者繪製

設計出一系列活潑可愛的狐狸形象。

另一個現實層面，並不是所有品牌都擁有龐大的接觸點及消費者需要經營，而通常這樣的品牌也在預算上是相對有限的。此時精準的接觸點經營和維護就非常重要，透過深化接觸點內容和不斷確認成效，也能在有限資源的情況下讓接觸點的效益達成。像是品牌銷售人員在合作通路進行品牌介紹時，包含個人數位名片、產品數位型錄、品牌形象影片到線上交易系統，都可以科技來提升接觸點的呈現方式與效益。

有時接觸點會帶動消費者進入下一個接觸點，像是通路的促銷吊牌上的 QR cold 會引導消費者進入品牌網站去搜尋相關信息。品牌必須了解並分析消費者不同時期接觸品牌的接觸點並分析、檢視重要接觸點，並提出強化品牌接觸點的計畫，以提升消費者對品牌的滿意度和忠誠度。理想的接觸點能夠在跟消費者溝通時，透過客製化信息與溝通方式，符合同樣是品牌消費，但當中又有不同特點的族群達成訊息的傳遞。

品牌再造需要盤點所有的接觸點時，必須先釐清接觸點的功能及屬性，最大的差異性是有些接觸點數屬於組織品牌以及產品及服務品牌同時會被消費者常態性接觸的，而有些是屬於特定目的才會讓消費者特別被提醒。筆者提出：「全面品牌接觸點管理」，並將組織品牌與產品及服務品牌的主要接觸點分開表列，而中間重疊的則是同時會溝通兩者的接觸點。

另外，因為品牌整合行銷傳播的接觸點在工具的應用上不同，而且有些是短期的，所以除了確認各傳播工具的接觸典型形式外，也可以思考如何將品牌內容轉換利用到常態性的品牌接觸點來延伸應用。筆者整理為「品牌整合行銷傳播工具接觸點類別表」。

5-5

關係管理

資料來源：：https://www.treemall.com.tw/welfare/login.jsp

關係管理的重點不只是針對消費者，更包含的內部員工及其他利害關係人。有效維持並加深品牌與消費者之間的關係，規劃以消費者為導向的關係管理流程，並透過深入分析消費者並提供需要的產品及服務，以深耕及拓展消費者關係。針對內部員工的關係管理則必須從品牌理念與品牌文化來落實，當於品牌實踐給員工的承諾，包含職務生涯規劃、合理福利待遇甚至生活照顧時，就更能鞏固品牌的內在基礎。

至於對其他利害關係人的關係管理，則必須是關係來調整規劃。例如對於供應商或是經銷商的關係，共同獲得實質利益並給予市場擴張時的支援；或是對於組織品牌所在的附近居民，給予環境的改善、就業的機會甚至消費的回饋，都能為品牌帶來更良好的關係。

例如：國泰福利網的設計就是讓員工可以透過平台購買及兌換相關集團旗下及簽約合作廠商的服務及產品，也可以作為內部溝通的平台之一。

透過關係管理的經營和培養，以及與不同對象的連結正向提升，最終消費者都能感受到，也都屬於品牌形象的一部份，並使消費者產生更高度的品牌認同感。就像當內部員工擁有越強烈的向心力，在服務時的表現及熱情，就能讓消費者感受到品牌的感性價值。

5-6

營造品牌
忠誠度

讓消費者產生品牌忠誠，可以說是所有品牌管理者的期望，也是品牌發展的長期目標。品牌忠誠也是品牌資產的核心，更是品牌與消費者間建立關係最高準則。品牌忠誠可分為行為忠誠與態度忠誠，若消費者只要長期重覆購買品牌就是品牌忠誠嗎？這是值得保留的。尤其是網路時代，不少支持者可能無法或不需要購買該品牌，但在態度上是支持的，並且長期以行動推薦品牌，則也可以是品牌忠誠的一種。

行為的品牌忠誠包括最常被購買的品牌之頻次，以及購買種類數量。但若是品牌屬於特定的組織，例如城市或非營利組織，則可能以實際移居或常態捐款來做評估。例如忠誠的基督徒對於所屬的教會常態性的十一奉獻，甚至願意每周擔任志工協助禮拜聚會的進行。

但亦有不少消費者對超過一個品牌行為忠誠，例如：常態性使用超過一種品牌的洗面乳，而且會在最愛的二或三種品牌中交叉或循環使用。此時的品牌中很有可能還是回歸特定的產品功能或是促銷方案，當競爭者若是針對此行為推出新品牌，則有可能導致原來的行為品牌忠誠下降，甚至轉移品牌使用行為。

態度的品牌忠誠主要是消費者從心理層面對品牌支持，人們對品牌從情感層面連結，有時是因為對品牌文化的偏好，但也有時是消費者內心的慾望投射。當消費者在行為層面以及態度層面都達到一定程度，品牌就能透過更深層的關係管理機制來維護這樣難得的關係建立。像是消費者如果非常喜歡美系文化，放蕩不羈的生活以及狂野的造型機車，自然哈雷機車就成為了首選，甚至會不斷的去關注。

例如：中國的哈雷機車將會員分類管理，分成正式會員、附屬會員以及正式會員終身會員及終身准會員，透過會員身分的不同而得到相對應的會員福利，當然會員的付出程度也是相對的。

正式會員

- 誰有資格成為正式會員？僅限授權經銷商處購買哈雷大衛森®摩托車的車主。請提供您的車輛識別號碼（VIN）。
- 對我有什麼好處？您將從哈雷車主會®獲得全部會員利益和服務。除了徽章和布標之外，參加專享車主會活動、每年訂閱五期HOG®雜誌、旅行手冊等會員利益。
- 費用多少？$45一年，$85兩年，或者$120三年。
- 說明：購買一輛全新、未註冊哈雷大衛森®摩托車的人士，將自動獲得一年期正式會員資格

附屬會員

- 誰有資格成為附屬會員？這是為有效正式會員的乘客或者家庭成員設計的一種會員資格。
- 對我有什麼好處？准會員將獲得一部分——但並非全部——會員權益，其中包括會員卡、徽章和布標以及參加本地分會活動等。

- 費用多少？$25 一年，$45 兩年，或者 $65 三年。

終身會員及終身准會員

- 誰有資格成為終身會員及終身准會員？準備好做出認真的長期承諾的正式會員和准會員＊。
- 對我有什麼好處？終身和准終身會員將獲得我們的正式會員和准會員享受的全部利益，此外還有令人羨慕的終身會員貼布和胸針。當然，你還將獲得向人誇耀的權利。
- 費用多少？價格視具體情況而定。歡迎來電諮詢：1-800-CLUBHOG（1-800-258-2464）。
- ＊准會員必須有一個為其提供贊助的終身正式會員。

（參考資訊：https://www.harley-davidson.com/cn/zh/owners/hog.html）

當品牌已擁有眾多的消費者，但卻沒有詳細的分析及分層管理時，可透過品牌再造的過程重新思考，整頓分析關係管理的現有機制以及忠誠消費者的維繫方案。現在的整體行銷環境變化瞬息萬千，筆者整理出「品牌關係管理強度分析表」。並將主要消費者分為「投機購買、雨露均沾、功能目的、感性理想、忠誠關注、高度偏好、深愛不離」七大類，並將關係管理分為三個構面，分別是「品牌購買頻率、品牌忠誠度、品牌推薦度」。

除了關係最為穩固的「深愛不離類」消費者之外，更應將資源適度分配在對品牌有推薦度

品牌關係管理強度分析表

消費者類型	品牌購買頻率	品牌忠誠度	品牌推薦度
投機購買	不固定	低	低
雨露均霑	固定	低	低
功能目的	固定	中	低
感性理想	不固定	中	中
忠誠關注	固定	中	中
高度偏好	不固定	高	高
深愛不離	固定	高	高

資料來源：作者繪製

但購買頻率不固定的「高度偏好類」消費者，以及持續培養「功能目的類」、「感性理想類」、「忠誠關注類」等三類消費者。

案例

K組織品牌的新服務品牌加盟企劃範例

新服務品牌策略說明

- 新服務品牌延伸發展策略說明
- 經營方針及目標訂立

新服務品牌連鎖總部營運說明

- 初期營運組織確定
- 人事及財會策略
- 訂立人事考勤規則

- 主要幹部及員工甄選
- 人員教育訓練
- 加盟招商系統導入

新服務品牌示範店發展策略

- 營業策略
- 新開店行銷策略
- 尋址評估
- 人員甄選
- 設備導入

品牌手冊製作

- 製作總部營業作業規範
- 總部及門市資訊規劃
- 製作標準店配置圖
- 門市作業規範
- 製作商品作業規範

案例

K組織品牌的新商品品牌整合行銷傳播企劃範例

品牌整合定位分析

- 找出問題：品牌資源盤點
  市場改變原因分析
  競爭者新產品品牌分析
  消費者對原有產品品牌的認知與使用分析
- 分析問題：
  2年內K組織品牌的原有商品整合行銷案例檢視
  2年內J組織品牌的新商品品牌整合行銷案例檢視

解決問題：新品牌溝通策略

- 新品牌形象溝通
- 消費者心靈層面連結策略

・視覺具象化策略

品牌整合行銷推廣

・識別系統整合規劃及設計建議：

新包裝設計及延伸應用

上架通路製作物視覺設計應用

數位行銷製作圖像

其它平面製作物

・傳播工具整合建議

電視廣告 1 則 - 30 秒製作

6-9 月節慶活動設計

運動賽事贊助

社群媒體數位策略規劃

大型會展參展

9-10 月通路聯合促銷活動規劃

・預算及預期效益

應用與展望 //

觀光產業的
品牌再造之路

續章

壹

觀光新趨勢，
消費新體驗

觀光產業的重要變化

近十餘年來，台灣國人國內旅遊人次已突破一億八千萬人次，由此可看出國人對於休閒旅遊重視的程度已有明顯提升，觀光產業已成為臺灣的重要經濟發產項目之一。台灣的消費者也隨著生活型態產生改變，對休閒旅遊有更多元的需求。有些消費者喜好前往海邊或山中郊外踏青，前往遠離都市的地方旅行。另外有些消費者，則是喜好參與深度知性之旅，例如：參訪文化創業園區或觀光工廠。

台灣的觀光工廠發展，是在2003年由經濟部工業局中部辦公室推動。透過結合藝術文化、教育學習、觀光休閒的方式，讓製造業兼營服務業的新服務模式，成為國內外遊客旅遊的新去處。2004年以「推動地方工業創新轉型發展計畫」持續發展，希望傳統品牌在既有產業的基礎上，透過創新、行銷讓品牌從製造業轉型為觀光服務業。也使產業發展與經濟接軌，提高傳統產業品牌價值，再創造出能帶動地方發展的商機。

以國際上的觀光工廠發展來看，目前歐洲有超過1000家以上的觀光工廠，而台灣鄰近的國家日本，觀光工廠的發展更是不輸歐美。中國的觀光工廠偏好結合企業博物館的營運方式也是行之有年。許多城市行銷與地方特色，也透過與觀光工廠合作行銷，來跟到訪消費者有更多的接觸，同時製造在媒體曝光的機會。像是BMW跟賓士的企業博物館，都成為所在城市的新地標，甚至被被國際媒體關注。

對於許多的觀光工廠而言，透過參訪了解國際上的成功觀光工廠，是如何建立品牌觀光工廠及企業博物館、品牌文化延續性的應用方式以及產品體驗銷售模式，也是相當重要的。觀光工廠發展約十餘年，現在臺灣已有超過 130 家的觀光工廠，每年所創造的產值已高達數十億台幣。觀光工廠已經讓臺灣觀光產業產生明顯的改變。觀光工廠從製造業轉變成為服務業，因此服務人員的訓練也需要從工廠思維轉變為服務業思維，甚至轉變成品牌的思維，也讓品牌利用這個機會能重新定位。

但是前幾年從大統事件爆發，到少數觀光工廠發生食安問題，觀光工廠的發展雖然仍然持續，但沒有完整的品牌思維及專業的整體營運時，就會產生更大的危機。當品牌用不正確的思維在經營本業時，又如何能只是透過觀光工廠讓消費者信任？迅速成長的觀光工廠數量在觀光客開始減少，以及定位及特色不明顯時，就必須從品牌再造的角度全面性的思考。

觀光工廠的興起

從中小企業轉型、工業產業化到工業觀光化，觀光工廠對台灣與消費者而言是個較新的產業。而近年來台灣歷經金融風暴後，過去政府賴以維持經濟成長的製造與商業貿易活動大幅減少；工廠因成本上漲等因素出走。因此政府意識到台灣產業結構變化，於是針對觀光政策投入大量資源。

另外，經過這些年的食安風暴，消費者有時一聽到負面訊息便會對品牌產生質疑，或認為品牌經營時間一久，但是沒有持續做品牌溝通，因此消費者便會漸漸遺忘這些品牌。近年來，許多品牌的行銷方式開始改變，例如嘗試數位行銷。尤其是許多台灣經典品牌，若是希望能喚起消費者的記憶，再讓消費者記得它們的存在並產生認同繼續支持，觀光工廠的再造成了重要的行銷項目。

也有許多國際知名品牌也在台灣開設觀光工廠，像是可口可樂及白蘭氏。越來越多品牌將觀光工廠作為品牌再造中的重點，期望能對原來的品牌形象會有加分作用。透過觀光工廠讓消費者藉由參觀，了解品牌的發展歷史、產業知識以及製造生產流程，並且讓消費者透過體驗實作增加品牌連結。從製作過程到體驗創造，將消費者與品牌的距離拉近，形成獨特的情境式行銷，藉由身經經歷讓消費者對品牌留下深刻的印象。

觀光工廠能保存品牌特色，而且能具備獨特價值、提供產業知識也能寓教於樂、甚至具有時代歷史意義、能彰顯在地文化性。消費者期望看到品牌成功經營的觀光工廠，也能具有政府單位認證和管理，發揮更多得創新與創意。在眾多品牌的投入之下，觀光工廠成為一種新興的旅遊觀光景點，大幅提升品牌價值並帶動地方觀光。

觀光工廠的概念與定義

根據「地方型群聚展業發展計畫」，觀光工廠是一個分享產業知識、傳遞企業價值的實體交流平台。透過明確的設定主題、高質美感設計或提供客製化服務作為「創意升級」的策略，藉由互動式的導覽解說，拉近與顧客關係。適當融入體驗元素於活動設計中，透過五感觸動消費者，讓消費者對產品原料組成、製作過程深度瞭解，進而對品牌及產品產生信任。讓消費者產生情感連結，替原有的品牌創造更高層面的心理價格。

過去某些製造業的品牌，在生產營運的過程中已經有工廠廠房，也推出過一些消費者熟悉的產品。而現在產業外移或銷量降低時，生產線開始停滯並多出可以利用的廠房空間，而業績也出現缺口。因此廠商必須開始思考其他方式彌補營業額並利用閒置空間。因此第一批觀光工廠的轉型，大部份都是從舊的廠房開始做一些變化。

觀光工廠對品牌來說，達到形象的溝通是另一項主要目的，讓消費者對於品牌的特殊的主題產生興趣。像是文創展覽類的觀光工廠，將數位的科技應用與互動，更多藝術展或是博物館的概念融入觀光工廠，能增加消費者對品牌的好感度。現在的觀光工廠大致可分為傳統轉型觀光工廠、品牌特色觀光工廠、特色經營觀光工廠三類。

- 傳統觀光工廠：主要在介紹產品的生產過程，提供試吃服務以及銷售。此類觀光工廠以銷售為導向，多半是本業經營辛苦，現在則是靠觀光工廠的營收來生存，比較缺少與地方旅遊的結合以及其他產業的合作。
- 品牌特色觀光工廠：主要是以品牌介紹及形象提升為溝通主題。大部份的內容均由受過專業訓練的導覽員解說，讓消費者透過了解生產過程、品牌特色到產生品牌認同。
- 特色經營觀光工廠：則是將觀光工廠進一步娛樂化及商業化，除了具備觀光工廠基本的性質，更加入許多遊憩設施及特色體驗活動。具備跟地方特色結合的經營模式，被視為在地鄉鎮重要的觀光景點，通常也會與旅行社業者合作推廣行銷。

城市行銷新亮點

許多觀光工廠設立於較偏遠的郊區或是工業區，屬於消費者過去不會認知是旅遊景點的地方。但也因此前往郊區或工業區，進行觀光工廠體驗行程，對消費者來說是十分有趣的。從理性的角度，消費者希望能藉由場域的轉換，在旅程中獲得新知、增加生活體驗，更認識品牌、

體驗手作。從感性的角度，消費者在觀光的過程當中，前往觀光工廠的理由多為對品牌有著特殊的記憶及過去的生活的連結

臺灣必須透過觀光旅遊的內容，塑造觀光客對臺灣的印象。臺灣的形象透過與觀光工廠結合來帶動，像是臺灣的文化獨特性及產業特色，都要從觀光工廠的行銷與設計，以及相關體驗活動及行規畫程來做連結思考。從各種不同的面向來看，觀光工廠可說是創造了一個從消費者的觀光旅遊、品牌從製造業轉變成服務業，以及城市整體行銷，三者合而為一的新體驗方式。

但若是觀光工廠跟城市行銷結合而且希望能擴大效益，就單一觀光工廠並不容易達成，因此必須由地方政府出面協調跨品牌的合作。若一個城市中有許多觀光工廠，城市行銷便可把觀光工廠當成是一個亮點，消費者到城市旅遊，可以參觀各種不同的觀光工廠。消費者前往特定城市遊玩時間是有限的，所以必須安排活動的優先順序，白天時會選擇較便利或較有特色的觀光工廠參觀。

對消費者而言，每個觀光工廠都有販售相同類型的產品時。此時消費者便會選擇只到某個地方購買，除非觀光工廠之間都十分具有吸引力。但消費者於一天的行程前往兩個不同產業觀光工廠參觀的 可能性較高，因為彼此之間的重複性沒有這麼高。因此在創意的應用以及和消費者相關的食衣住行育樂需求提升連結，才能增加消費者參觀旅遊的動力。

除非有特定主題，才能讓消費者在一天前往二至三個觀光工廠遊玩，像是消費者期望能對紡織產業有深度認識，想前往紡織類的觀光工廠參觀，而同類型的觀光工廠也都在附近，則消費者便會到此地區附近參觀。原則上消費者還是會先以城市特色做為觀光主題，在此觀光主題中包含夜市、老街以及觀光工廠等行程。消費者可能在白天的行程中前往觀光工廠參觀，晚上再去老街或夜市，成為一個完整的旅遊行程。

結合城市或鄉鎮以及其他觀光景點的部分，觀光工廠可以從以觀光價值的角度進行來規劃，同時也可以從產業間的合作進行思考。例：紡織類，讓消費者感到興趣並到二或三個不同的紡織觀光工廠參觀較為困難，但若同樣是紡織，但有的是製作衣服、有的是做襪子，便可能可以吸引到外國的觀光客，以及外國對該相關產業有興趣的人，此時套裝行程就會結合到附近相關類似的相同產業的觀光工廠做整體行銷。

製造業與服務業的天作之合

近年來，台灣的主體經濟以服務為主，因此將服務體驗加入製造產業中，以利品牌轉型成為主流。製造業希望透過服務增加自己的價值，因此對服務日益重視，以利與競爭者形成市場區隔。從製造業轉變為服務業的過程，透過品牌再造創造高附加價值，以及服務人員的培訓，皆為觀光工廠轉型過程中不可或缺的重要元素。對於消費者而言，若品牌不夠有特色、有差異性，或感覺服務不夠好，消費者不只可能不回購，更可能透過口碑造成更大的負面影響。因此製造業轉換為服務業的過程中，需要確保服務品質以及品牌形象的提升，能有消費者接觸後，進而對品牌有更多的支持與肯定。

另外一個角度，臺灣的中小企業在近幾年的競爭力逐漸下滑，因此不少中小企業，透過建立觀光工廠的方式重新思考品牌的發展。甚至經由與消費者以及外國觀光客的接觸，可以做出更明確、更合適生存於市場中的品牌定位。但是中小企業若本身便具備原有的工廠資產，便可直接進行重新規劃，讓觀光工廠帶動本來企業的生存；若是本身沒有工廠的品牌，則需思考與原來的代工廠合作，才能創造出屬於自己的觀光工廠經營模式。

從觀光工廠的角度來看，透過營收的提升，觀光工廠也有利基點持續調整及再造品牌。製造業有許多的工廠環境較不適合長時間工作，但經由觀光工廠結合到觀光旅遊以及服務定位，便可改善整個工廠的環境，也讓部分任職已久且表現良好的員工，有機會藉由工作內容的轉換留在公司，對品牌有更高的忠誠度。

現有的觀光工廠前身大多原先是純生產為導向的傳統工廠，轉型為觀光工廠之後，必須在原來的工廠管理規範和觀光的需求之間得到平衡，不同品牌對於讓消費者看到什麼內容的評估有很大的差異。例如對於產業技術較高的工廠（如藥廠、高科技精密、生產過程高熱高溫等），無塵室則是開放給專業技術人員進去操作，消費者只能透過視覺或玻璃櫥窗了解生產過程。

相對於產業技術門檻較低的觀光工廠，例如食品、清潔用品，則可開放無塵室，但需限定特殊的導覽團體、特殊的導覽方式。然而，並非所有產業的生產過程皆需使用無塵室，或無塵室不再觀光工廠內，就可透過其他方式，例如形象影片讓消費者了解是否還有特殊的研發及生產特色。

體驗，才能讓品牌延續

觀光工廠透過工廠的參觀、消費者體驗、導覽解說以及經由產品推廣等步驟組成參觀的完整流程。過程中讓消費者可以深度瞭解公司或品牌文化，同時也能認知觀光工廠背後的產業特色以及相關知識的形成。在發展觀光工廠的過程中，產業觀光以及文化觀光也是形成特色觀光工廠主體的一環。對消費者而言，能獲得一個和品牌及產業相關的特色觀光過程，才能讓消費者與品牌產生記憶的連結。體驗後若能擁有特別的紀念品，消費者便會對品牌的偏好，在回憶時有更進一步的提升助益。

觀光工廠中必須持續的提升質感及創新體驗內容，對消費者而言，觀光工廠不只是單純的伴手禮購買，甚至是主題空間設計及體驗活動都是重點。消費者也可藉由這樣的旅遊行程轉換，在享受品牌所提供的產品時，達到心情的轉換與放鬆。完成體驗後，品牌可以提供獎勵及完成品給消費者，以延伸消費者的記憶度，能讓消費者在回家後留念，同時具有收藏及宣傳的價值。觀光工廠透過體驗機制，對於消費者不僅可以提升對品牌的印象，也能提升自身企業品質，更能加強企業的知名度。

▼例如：白蘭氏博物館，在塑造形象的過程中，不只傳遞品牌的製造過程，更希望消費者能在館內進行互動體驗，讓消費者知道其產品對健康的重要，以及品牌所扮演的角色。

貳

消費者區隔
VS
懷舊經濟

消費者的分眾行銷

考量到觀光工廠要針對什麼樣的消費者行銷，才能與品牌形象連結。此時觀光光廠作為品牌的接觸點，常常會碰到的問題便是，原有的品牌主力消費者可能隨著年齡成長，雖然仍然對品牌支持但卻不一定會前往觀光，可是潛在消費者對品牌還陌生。觀光工廠如何透過品牌行銷、行程的規劃、導覽的差異性以及伴手禮的推出，吸引到潛在消費者嘗試到訪，也能誘發原本的品牌消費者願意持續支持，也是相當重要的品牌發展策略。觀光工廠的消費者可分成六大類，以下分別描述他們的族群特色及行銷策略的建議：

第一大類是輕熟女未婚族群。此類型的消費者，在台灣目前的消費市場中可說是相當主力。這一類的族群，經濟尚有餘裕，喜歡比較新潮、實用，但同時又具趣味性的品牌及產品，所以觀光工廠若是針對此族群定位，就必須塑造出有時尚感，可以打卡拍照分享的特色場景，同時透過網紅或口碑推薦，營造獨特的品牌形象。若是能夠同時在限定商品的包裝上規劃出具有設計感但價格合理，或是新奇有趣有質感的伴手禮，都能符合此族群的偏好。

第二大類，是年輕學子族群。對學生來說新奇有趣地的事物都會是產生偏好的原因。所以觀光工廠可以在視覺上的呈現設計巧思，一些有趣的遊戲互動設計、同學之間共同回憶拍照服務，以及可以留戀的蕭贈品。這些體驗與活動設計，對年輕的學生而言以透過寓教於樂的過程中認識品牌。若是當這個族群對品牌或體驗過程感到有興趣，未來還是有可能會再次前往該觀光工廠甚至持續關注品牌在其他接觸點的訊息。

第三大類是家庭族群。這個族群可分為兩種，一種是小家庭，在週末會有一些行程規劃，進行兩天一夜的行程或一日遊，習慣自行開車前往。對小家庭而言，家庭生活是相當的重要，所以在觀光工廠中，親子同樂的體驗活動及導覽員的趣味介紹都是重點。大人可藉由陪伴小朋友體驗的過程中，同時與品牌互動，強化親子之間的感情也產生對品牌的共同記憶。消費者在此類型的觀光工廠中，會認為自己透過此一行銷活動的環境，能有家庭相處的機會。另一種是大家庭，通常是家族型的旅遊，可能會搭好幾台車一同出遊。因為裡面成員可能包含長輩、中生代的家長和年紀輕的小朋友。此類家庭型的消費者，到觀光工廠中，要讓長輩在熟悉的懷舊元素中看到過去的記憶，讓長輩能告訴家人們自己以往跟品牌的關係與使用經驗。同時中生代的家長也能在過程當中，購買一些產品做為伴手禮，能與其他親朋好友分享。最後年紀最輕的小朋友也能藉由此次家族旅行對品牌提早認知，記得品牌獨特的視覺呈現或娛樂的體驗活動。

第五大類是銀髮族群。這個族群通常在過去有較高的收入，或是現在仍有子女奉養及退休金可以過活。雖然甚至可能還有開車的能力，但更喜歡群體行動及包遊覽車出遊，展現生命的行動力。這個族群到觀光工廠的目的，就是在尋找過去的美好記憶、懷舊思念的人生經歷。所以要針對這個族群做品牌定位，除了懷舊的場景布置外，還能在餐飲的設計中嚐到過去經典的味道，在視覺與味覺中都能感受到過去的時光。所以在懷舊的主題中，過去的城市記憶、產業記憶，都是必須思考的，當然巧妙的將品牌訊息置入更是重點。

第六大類是國際觀光客族群。這一類的消費者族群會到台灣的觀光工廠旅遊，很大的一部分是因為對台灣其他的地方文化有興趣，同時經由事前得知或安排加入行程的方式前往。如何能夠滿足這一個族群，針對不同國籍的對象，安排語言專業的導覽人員進行解說，是最重要的行銷設計項目，同時特色伴手禮的規劃更是重點之一。這個族群在離開台灣的時候，會希望能用便利的方式，購買大量的伴手禮回國。能讓這個族群願意去關注台灣及品牌本身，甚至推薦其他人前往台灣觀光。

微旅行的重新定義

微旅行，是指短小、隨時發生的旅行。不用提前計畫行程，想到便可隨時出發前往跟現在生活不一樣的休閒空間。微旅行是一種生活態度，也是適合現代人的舒壓方式。平時週一到週五，大部份的消費者皆在上班，但週六日也不容易遠行觀光。所以觀光產業通常會有明顯的淡旺季時間。但觀光工廠比較能夠利用市場區隔，尤其是週間的淡季，可以特別設計容易讓A族群的消費者願意到訪的觀光行程，在旺季的周末時，則是規劃吸引B族群的行銷活動。

了解不同的消費者族群會在何時有興趣到訪觀光工廠是很重要的。例如長者族群有可能跟銀髮族的夥伴一同前往觀光工廠旅遊，所以比較會選在週一至週五的時間。若是上班族、學生等不同族群，也有不同的觀光需求及時間考量。同時也可以利用定價差異化的方式，週間淡季的吸引力提升，增加消費者微旅行的機會，像是平日免門票或是最低消費額，也可以訴求參觀人潮少時，會有比較好的體驗環境，也讓整個觀光工廠可以有不同的消費族群支持。

另外若是一整年中的淡旺季來看，暑假時學生較容易自行前往觀光工廠參觀，此時在觀光工廠的部份便可推出一些針對學生的主題及活動，此時也會是另外一種品牌行銷的機會。但若是像過年或是連續假期的旺季，更要做好整體導覽區隔及規劃，針對各種不同族群，結合當地城市特色發展出獨特化的微旅行，就更能使觀光工廠對品牌在擴大消費者客群有明顯助益。

舊愛還是最美

在臺灣有許多使用懷舊元素的行銷方式，例如在廣告、節慶或是老街及主題餐廳。也有不少觀光工廠已經使用懷舊元素，使消費者有興趣再次認識品牌。前往觀光工廠的消費者，很多都是從過去就對品牌具有偏好度的消費者，懷舊元素便成為不論導覽、體驗或是佈置，都可以應用在吸引消費者很重要的一個元素。

懷舊行銷就是運用許多消費者生活當中過去經歷的時代、曾經使用的過程等記憶元素，或是將以往的使用經驗與方式再次體驗，最後達到對於懷舊文化的認知。像是小時候消費者都會對於A品牌餅乾的產品有使用的經驗，當成為懷舊元素行銷時，便需要從消費者過去兒時的記憶中產品的使用時機、校園生活，以及對產品的舊包裝、吃起來的口感或是過去的廣告印象做整體的規劃。

就世代差異的角度，年輕一輩的消費者特別喜好追尋爺爺、奶奶、爸爸、媽媽那個時代的記憶，同時也是對自己兒時的記憶也是陌生的，經由追尋的過程中可藉此得到滿足。在當時那個年代的人，對於自己過去數十年前的生活回憶及所使用的品牌，也存有一定的好感度，從過去的記憶中重新找回屬於自己的美好年代。所以懷舊行銷是讓消費者藉由懷舊的過程中，從觀光行程的體驗與過去的記憶產生連結，甚至可以讓現實生活中的壓力，經由懷舊而得到解脫、逃避與釋放。

從臺灣文化背景中，衍伸出三種懷舊元素文化。第一種為既有常民文化，像是原住民、閩南、客家以及從二戰時期遷臺的外省文化。第二種為日本文化，許多工廠的設立時間皆為日本殖民時代建立，許多觀光工廠中已經利用並重現。第三類便是歐美舶來文化，尤其是品牌在台灣長期進行品牌銷售，消費者從小便耳濡目染。

對於消費者而言懷舊行銷不單純只是懷念過去，更是一種旅行的主題。消費者透過懷舊產生新的記憶點，在重新對回歸現實生活時，有更多值得想念的地方。特別偏好懷舊的消費者消費者可分為三類：

- 第一類，明顯年紀稍長的族群。此族群的消費者為經歷過當時年代的人，對於品牌印象與使用經驗感到美好。
- 第二類，年紀輕但喜歡傳統元素的族群。此族群透過懷舊的過程認識過去的美好，雖然對於當時的記憶較為陌生，但卻又認為此記憶十分具有獨特性。
- 第三類，為異國傳統文化感興趣的族群。此族群為國際觀光客的一種，但這族群必須對與異國傳統文化有所連結曾經或特別感到興趣。像是華僑或曾留學過的學生，或曾經到臺灣旅遊過而且有好感度的旅客。透過每一次的懷舊旅程，累積對城市、品牌及異國文化的認識。

小時候的記憶經由行銷包裝成為懷舊的賣點，不同的時空氛圍讓消費者產生與自己的關連性存在又帶著新奇感。懷舊行銷成為一種潮流，觀光工廠以引導的方式帶領消費者，對於過去直接或雖然不曾經歷卻感到認同的時光，運用模擬過去生活或使用物件，得到懷舊的滿足效果。在觀光工廠中也常將過去既有的文物重新包裝，使其變成參觀、體驗的一部分。消費者藉由想像與模擬，便可了解過去前人的與品牌及相關產業的關聯。

懷舊行銷需要找出文化元素與自身品牌連結，尤其是當品牌對消費者而言是較為陌生的，若將觀光工廠以懷舊的方式呈現，消費者便可能比較容易先產生興趣。之後品牌可藉由結合新的數位科技應用以及與體驗方式，增加消費者對於品牌的情感連結。

擁有才真實，伴手禮很重要

伴手禮商機很合適從觀光工廠的角度切入，對消費者而言前往觀光工廠做觀光、體驗，不是只有單純想擁有參觀的記憶，同時也會想與身邊的親朋好友分享旅遊的經歷。此時伴手禮便能將消費者在觀光工廠的記憶延伸，就算消費者已經回到日常生活的環境中，仍然能喚起對品牌的回憶。

對消費者而言，日常生活中的參與或旅遊的過程中，都會期望能將美好的回憶帶回家，但是在傳統的伴手禮中多半都是屬於消耗使用的類型像是食品，因此可以思考耐久保存的設計，例如文創裝飾物，或是兩者的結合。若觀光工廠將伴手禮透過創意空間的方式呈現，讓消費者了解帶回去之後如何能有創意的使用伴手禮，就更能增加消費者的購買意願。

伴手禮的設計需要讓消費者有想要購買分享，甚至渴望再次回購的動機。有質感的伴手禮才能使消費者有購買及收藏的慾望。有時候消費者購買伴手禮，並非完全是因為伴手禮本身的價值，而是為了收藏旅遊的經歷。另外，除了伴手禮的規劃還有，還可以規劃客製化的紀念品，讓消費者在體驗過程完成後，保留專屬於自己的作品。

良好的伴手禮設計能突顯品牌的獨特性與文化性，更能達到品牌價值的提升。消費者購買伴手禮返家後，透過彼此之間的口耳相傳，不僅可以抓住原有的觀光客，還能增加新的消費族群。另外伴手禮可以結合地方城市以及創新的特色，讓來自國際的觀光客也能更容易記憶台灣及在地城市的美好。

觀光工廠必須將原有的品牌產品轉變為高附加價值的新品牌產品販售，才能達到品牌延伸的意義。若將市場上原有的品牌商品拿到觀光工廠販售而且較為高價，此種方式極為不妥。消費者前往觀光工廠，可能因當下氛圍及體驗後，購買了較高價但一樣的商品。但若消費者之後到其他通路看到品牌商品不僅訂價較便宜，更有特價銷售時，消費者可能因此不悅，甚至可能再也不前往觀光工廠參觀。

一般消費者對於觀光工廠裡面販售的價格，主觀會認為較為便宜或會加贈品做促銷。因此若是相同的產品，在觀光工廠可以給予現場消費者限定的優惠，也消費者覺得自己在觀光過程中獲得收穫。因此想要提升品牌及產品的價值，就必須針對觀光工廠開發出新的創意商品。

▼日本 Asahi 觀光工廠的行銷手法，由於日本有許多的消費者喜歡喝酒，因此觀光工廠便會舉辦啤酒喝到飽的活動，觀光工廠更會配合其他節慶以吸引消費者前往參與。例：搭配賞櫻的活動，冬天有聖誕節的活動等等。觀光工廠在節慶的部分也是在整合行銷中的節慶行銷，其使用節慶的方式不斷創造新的話題，吸引更多消費者前往觀光工廠參與活動。

參

品牌行銷
新契機

品牌的浴火重生

在日本和歐美國家，品牌的博物館或觀光工廠都已行之有年，而且多都是百年企業。此時觀光工廠的角色不只是品牌行銷，更成了產業的指標。像是同為金屬加工業，有些工廠著重於金屬加工產業的發展歷史、技術應用，有些則重視產品的呈現方式及對消費者的意義。每個觀光工廠都是獨一無二的，必須思考以何種品牌定位及服務方式，讓消費者可以接受認同。

像是白蘭氏、可口可樂都是屬於國際品牌，也都有設立企業博物館或觀光工廠。因為品牌文化及特色已經相當具體，所以觀光工廠的建立能夠強化在地性連結，使消費者增強對品牌的與好感度及認同度。另外像是在日本的觀光工廠做的相當成功，但品牌不見得想跨出當地，便將觀光工廠國際化，吸引消費者特地前往日本進行觀光。先思考如何讓品牌在各地被消費者接受，再經由觀光工廠特別規劃獨特伴手禮，進而帶動觀光客來臺灣觀光的可能性，這也是觀光工廠對台灣國際化一個好的發展助益。

一般較傳統的觀光工廠，在本身已有廠房的前提下，在轉型的過程當中只能進行部分的裝修，不能做太多的改裝和儀器搬遷，因此能進行品牌再造的部分容易受限。若是新蓋的觀光工廠，比較容創造新的銷售氛圍與營造新的品牌形象，因此投資的規模便必須考量到品牌在未來的五年或十年，預期的效益是什麼。成功的觀光工廠能達到形象的提升，創造出新的定位並在消費者的心中獲得更多認同。

傳統產業的生產流程，對消費者而言是一種新奇的體驗及認識。大部分的品牌過去並不會公開生產產品的流程或作法。舊有的設施卻可以消費者對當年工廠運作產生了解及興趣，也是一種特殊的復古或懷舊的記憶連結方式。因此觀光工廠需要工作人員在現場操作示範，若能結合科技應用，不僅可以有更多的呈現方式，也能讓消費者較有新鮮感。

另外利用不同的生產流程說明，讓消費者了解新時代的產品及現有的技術與過去已有所不同。以公司的角度而言，若擔心其他競爭者透過參觀過程就能抄襲或模仿，仍然在運作的生產線可只做部分的曝光或用創意的方式呈現。

找出最佳的獲利模式

各種不同產業的觀光工廠，營運模式也不盡相同。營運模式需要非常具體，並思考對整體品牌發展的關連性。品牌不能只是以原有的產品就期望帶動消費者增加購買慾望，必須以新產品的開發，如包裝、內容創意設計來做品牌延伸。消費者是否能在觀光完成購買行為，對品牌來說是會影響營運的績效之一。

成功的觀光工廠在整個硬體的形象建置，及製造過程的再呈現，著重在溝通消費者對於品牌的認知以及了解。此時對觀光工廠財務層面的投資報酬是有不同目的性的考量。觀光工廠的經營績效不只是來自於單純的門票收益或伴手禮銷售，也應該包含消費者在未來可能品牌的偏好度，以及消費者回到日常生活中的品牌支持度，甚至是下次消費者願意再次前往觀光的回購率。部分觀光工廠的消費者很高比例自於國外，因此若想讓觀光工廠品牌國際化，可經由與旅行團、社團合作。

觀光工廠的管理包含營運層面、財務層面及行銷層面，觀光工廠便需要清楚區隔出經由觀光行為所創造出來的有形及無形效益。營運模式的成功和行銷目標的設定有相當高的關連。觀光工廠的行銷方式，目前不外乎跟旅行社的結合、在品牌網站上進行活動宣傳，或與學校合作鼓勵學生前往學習。針對國際行銷的部分，透過參加國際展覽讓觀光客看見，甚至可以透過現有品牌的實體通路。

觀光工廠的體驗過程中，消費者往往不願意花過多的時間等待，尤其是對於品牌的偏好度不夠高時。因此觀光工廠可以設計方案，讓消費者可以用預約的方式報名體驗活動，並將低消費者在現場的不悅感。透過消費者事前預約的動作，觀光工廠就可預先安排體驗的場次多寡，以及開放現場報名的數量，讓沒有預約的消費者也可以完成體驗。

觀光工廠的入場是否收費，取決在營運模式跟品牌設定的期望目標。若是設置地點較為偏遠，或品牌本身對消費者較不具吸引力，收取入場費用便可能降低消費者的參觀意願。但藉由入場的收費可以確保觀光工廠的遊客品質。避免單純進入觀光工廠內使用洗手間或是喝茶水的消費者。

入場費用的高低可以從觀光工廠內容的定位來思考，低收費的設計，可以讓消費者容易接受，有可以有費用維持基本的觀光工廠清潔整理。能接受較高收費用的消費族群，就會更在意觀光工廠的豐富性及觀光品質，此種收費方式也可以讓消費者進行部分付費型體驗或伴手禮的抵消。

從 NO NAME 到 NEW NAME

對品牌而言，除了原有的工廠廠房轉型外，最重要的是奠定消費者的信任感。品牌在觀光工廠的發展過程中，應該對於原有的品牌形象進行重新思考，利用品牌在造的機會更新品牌識別系統。不能只是想只是重新裝潢展示空間，或是設計新的吉祥物就當作是品牌的新形象。設計觀光工廠的建築外觀及內部裝潢時，需要考量如何可以讓消費者一眼就認出與原來品牌的關聯性而且有自己的獨特性。若是與原來的品牌形象有太大落差，或是與其它的品牌的觀光工廠太過相似，都可能會讓消費者產生誤解及無法替原來品牌帶來認同感。

在品牌識別系統的設計部分，則需考量整體的品牌形象、產品設計，以及實際應用在觀光工廠店招的適用性。若原先是屬於B2B品牌的觀光工廠，則可藉由專業團隊或企業內部討論產生而重新規劃發展新的整體品牌形象。觀光工廠在命名可以從品牌延伸及品牌接觸點的角度來思考，觀光工廠命名方式可分為以下兩類：

- 以原有的品牌命名加上關鍵字。通常代表該品牌有足夠的歷史發展淵源及時間，利用此種方式讓消費者了解到觀光工廠為該品牌的延伸。
- 全新的命名方式。例如巧克力共和國，主要以產業作為命名。此種命名方是大多想利用觀光工廠打造消費者對品牌的全新認知。

觀光工廠的品牌形象提升分為文化構面及創意構面，文化構面元素應用包含品牌文化及產業文化，像是金屬產業的文化中，可能包含各種不同類型的金屬種類、金屬的冶製過程或金屬可以製造的產品，以及金屬應用的層面、產業發展等。把此產業文化元素結合在觀光工廠中，對觀光工廠而言，會提高消費者的旅遊知識含量，再結合品牌本身的文化，藉此提高品牌價值。像是在品牌的產品中為最常運用的金屬種類，或用何種機具加工等方式連結。

第二個構面是創意構面，用不同的體驗的工具像是工廠機具或數位科技的輔助，作為消費者的體驗工具。像是紡織類的觀光工廠可以設計較簡易的紡織機，讓消費者進行織布的動作；食品類的觀光工廠則可以運用廚房及廚具的空間及道具設計，讓消費者可以自己手作出一個簡易的產品。運用創意的構面讓消費者願意親身去做體驗活動。另外創意構面可以運用在整個觀光工廠的外觀及特色場景設計，有的觀光工廠外觀的設計相當獨特，讓消費者在第一眼當中會感到驚奇，甚至驚呼「哇！好特別」。

文化傳承與創意創新

通常品牌的經營者也有一些創業的故事，但在過去的品牌發展過程當中，多半著重在老闆的白手起家、大環境的變遷及品牌的創立。但是對於消費者而言，更期望觀光工廠內分享一些經由大時代蛻變而保留下來的特殊故事，所以在觀光工廠中可以重新撰寫並呈現更有意義的品牌故事。

工廠觀光化的過程，會從品牌文化及產業特色來梳理，產生凝聚品牌形象並展現出創新風貌的機會。讓消費者透過不同的創意方式解品牌的故事與歷史，並藉由運用創新的手法使消費者與品牌增加共同的記憶與連結。觀光工廠可以強化產業中的獨特文化，而不只是單一的品牌推廣。對許多消費者而言，過去對於相關產業並不熟悉，但是品牌透過觀光工廠的方式，讓消費者了解整個產業或產品的生產過程，以及文化背景、歷史。

觀光工廠的價值也包含社會行銷的意義，如何讓消費者願意花時間到一個較遠或較單一性的地方進行知性深度旅遊，便必須結合對消費者和自身相關的意義，所以懷舊元素可說是觀光工廠中相當重要的一環。消費者過去對於品牌的記憶，可能因不同的身分、理由、目的，對於旅遊願意花的時間長短也有一些不同的變化。其中多半屬於一日型旅遊。必須經過彼此合作，讓消費者可以在一整天參觀多個觀光工廠。甚至吸引國際消費者願意在經由兩、三天的時間認識地方的文化特色和當地的觀光工廠，或是以產業為主題，讓國際消費者在幾天到有目的性的到多個觀光工廠去旅遊。

相同產業中的觀光工廠因為建立的目的不同，彼此之間本身具有差異性，但又能產生生產業的聯合效應。甚至能讓消費者對一些屬於夕陽的產業，重新喚起記憶以及對於生活經驗的連結。同時觀光工廠與地方結合，帶動城市整體的發展。當地方的經濟發展與觀光工廠彼此互相合作時，便不再只是一個觀光景點，而是地方文化的特色呈現。消費者也可以藉由觀光工廠的旅行過程，進一步探索過去不知道的特殊城市特色，例：新北市同時擁有數種產業的觀光工廠，在做結合時可思考與城市的特色來做整合的行程推廣。

現在台灣的觀光工廠處於百家爭鳴的現象，並沒有哪一個產業有非常多的觀光工廠有很明顯的競爭。雖然有些產業已有許多觀光工廠，但可能因為位置有所差別或中間產生某些區隔，例：襪子產業，某些廠房在彰化，有一些在新北市；而酒類的觀光工廠全台灣有好幾家，但都在不同的縣市中，所以它和競爭者之間沒有明顯的競爭，產生消費者不是去A就是去B的問題，若其觀光工廠是在彰化，且不只是一個酒類的觀光工廠，則消費者在時間許可的情況下，可能只會去一個酒類的觀光工廠。

▼例如宜蘭的金車觀光工廠，透過觀光工廠品牌轉型，消費者開始認知原來金車不只生產飲料，到酒廠參觀後更會發現它還有製酒的能力，信賴感也會經由觀光工廠而得到提升。另外金車還有設計其他特色觀光空間串聯觀光工廠的旅遊範圍，讓消費者可以去拍照及以主題旅遊。

肆

營運與
服務創新設計

服務專業為導向

過去以工廠為主要經營形態的品牌，原有的員工也較偏向作業員及行政人員，與外界消費者接觸的機會也相對較少。因此當品牌轉型經營觀光工廠時就必需注意，因為所有觀光工廠內的人員皆有可能接觸到消費者，所以必須清楚了解「服務是什麼？」。另外許多品牌將產品的製作過程視為公司機密或其核心能力而不願公開，但對消費者而言，能清楚了解品牌的產品生產、品管、包裝等過程，都將會對品牌產生較高的信任度。

因此生產流程的呈現方式對觀光工廠是十分重要的一環，以服務品質專業的角度而言，運用設計的方式，將部分產品製造包裝的流程呈現。另外像是將生產的過程製作成DEMO影片，或是透過導覽人員的解說宣傳都可以達成品牌溝通的效果。在消費者知道產品製程的困難度，或是生產過程可能發生的問題，都能讓消費者對品牌的專業程度產生認同。

在品牌網站上清楚說明在觀光工廠內，消費者可以看到什麼，消費者容易因網路資訊及口碑的介紹對於觀光工廠的內容及獨特性做為首次選擇的可能性。主觀意象的建立是從接觸觀光工廠開始，包含交通路線便利性、導覽動線的規劃以及內容等。透過最後運用品牌內容簡報使消費者留下深刻的印象。

從內到外的規劃

觀光工廠的空間大小、內容豐富度會影響消費者在觀光工廠內的停留意願，數位體驗區、遊戲互動或可閱讀文字資訊區皆可拉長消費者停留時間。結合數位科技（AR、VR、手機APP互動遊戲）達到虛實整合，讓消費者清楚了解到品牌相關資訊。停留時間長會增加消費者對品牌及產業知識的了解、品牌形象的建立。銷售區則可利用簡單而且清晰的陳列方式吸引消費者的注意，讓消費者在短時間內提高購買意願，導覽人員也可利用互動的方式讓消費者自行發問，除了能知道消費者對於品牌、產品的疑問或尚需加強解說的部分，亦可增加整體品牌溝通的完整度。

觀光工廠的動線規劃大致上可分成六個階段：

- 建築外觀：品牌招牌、外觀視覺設計為消費者認識品牌的基礎。
- 園區入口：吉祥物、品牌基本介紹、品牌創辦的歷史相關資訊。
- 品牌主題區：需考慮到工廠的定位。例如產業型的工廠需多介紹產業相關的資訊；時代型的工廠可強調該品牌在舊時代的懷舊記憶；創新型的工廠則可強調創造性，針對社會公益或與新時態消費者溝通所使用的行銷工具。

- 產品製程專區：透過玻璃櫥窗的展示、機台的使用，讓消費者了解現有產品的生產方式。
- 活動體驗區：透過手作的方式，強化消費者自我體驗與品牌的連結。
- 展售區：消費者在購買過程中，可經由銷售人員對於特殊紀念品的介紹方式瞭解到產品的內涵。

當觀光工廠已經規劃相當完整而且內容豐富的行程時，消費者花可願意花費較長的時間停留在觀光工廠中。一般而言若沒有導覽人員在觀光工廠中介紹，消費者的停留時間則會在60分鐘內即離開觀光工廠。消費者參觀的時間點也會對銷售造成影響，進入觀光工廠的時間若從早上至下午，中午可在廠內用餐，便會使用到餐廳及其設備。而下午時間進入工廠的消費者往往不會在觀光工廠內用餐，此時則必須增加其他供消費者休息交流的地方。

以消費者的角度而言，有一個開放式休憩的空間十分重要，要規劃何種類型的休憩空間，就可以依據品牌形象及觀光工廠定位來思考。部分觀光工廠擁有咖啡廳或餐飲區，這樣的空間設計可以吸引對觀光工廠並沒有高度興趣，但又剛好在附近進行觀光的消費者，也可以做為團體型觀光客主題活動的進行場域。

導覽品質是關鍵

消費者在觀光工廠的旅遊過程中想要獲得收穫，品牌就必須思考怎麼滿足消費者的需要。在過去，部分品牌花費相當高的成本在工廠的產製或建築的外觀。但從觀光服務的角度來看，品牌真正需要投資的是人才的培養、體驗元素的應用、整體視覺的呈現以及創新的服務流程。

若消費者想更進一步認識品牌時，可以從兩個方式與上述的專業領域連結。一種方式為透過獨立空間內容傳播，消費者在視聽空間中，由視聽空間內的負責人員或高階主管運用影片及簡報介紹。在觀光工廠的導覽流程中，以說故事的方式來設計，從品牌介紹到活動導覽。消費者也容易對特殊的主題產生興趣，如限量紀念品、在地限定、特定節慶、其他宣傳物等，消費者對購物行為便產生期待性。

觀光工廠會因為消費族群的不同，在導覽時間長度的設計上也有不同。年齡層 30-40 歲的消費者：耐心較佳，對於瞭解產業的專業資訊及體驗實作的意願較高，此時建議可規劃的導覽時間為 90-120 分鐘，其中包括了導覽、實作及消費的時間。家庭式的消費者：家中有 6-12 歲的小朋友，導覽時間建議在 90 分鐘以內，因為小朋友耐心度較低，容易使家長不願意花更長的時間待在工廠裡面，可以藉由設計小朋友專屬體驗遊戲區的方式，有專人幫忙照顧小朋友，大人即可增加購買及體驗的時間。

確認消費者的滿意度對於觀光工廠來說是很重要的課題，通常會用幾種方式確認消費者的意見。像是讓消費者參觀觀光工廠前，先上網填答簡單的問卷離開後再追蹤，就可以消費者參觀前後對於觀光工廠的認知、品牌的偏好度、導覽體驗內容的瞭解及伴手禮購買意願。另外導覽人員也可在消費者進入工廠前，利用提問的方式，了解消費者是否已經知道品牌的相關資訊，並利用贈品誘因增加消費者填寫問卷的意願。必須盡量讓消費者對於問卷的填答確實，才能作為品牌改善的建議。包含導覽人員的專業度、體驗及導覽的品質。

觀光工廠的組織建立

專業人才運用的及品牌文化的內化，才能達成建立品牌形象的目的。觀光工廠人才可分成四類，第一類為高階的管理人員。現在觀光工廠的高階管理人員，通常由原有企業內的高階主管轉任或外聘具有觀光工廠管理經驗的人員。觀光工廠經營要成功，品牌必須確實從觀光的角度導入人才。例：飯店的總經理或遊樂區的高階主管，可能是真正瞭解觀光元素的人，便可以優先聘任再加以培養。但具有高度行銷及專業能的高階管理的人員常常是跨產業的，因此培訓重點在提升產業知識以及品牌文化的素養。

第二類是中階的管理幹部，此類人員包含服務專業及技術專業。技術專業的管理幹部負責硬體相關部門，必須了解生產設備、技術及其他體驗過程中使用的硬體管理與維修，有時也需要為消費者進行專業技術的說明。服務專業的管理幹部則是負責服務人員，必須培訓及管理導覽及銷售人員，本身也需要了解服務業的本質，以及在危機應對上也需具有一定專業度存在。

第三類是行銷人員以及公關人員，擔任觀光工廠之間的溝通橋梁。觀光工廠內的行銷公關部門人員，對內必須成為原來品牌與觀光工廠之間的連結，確保品牌的行銷活動與觀光工廠的特色行銷達到一致性，對外則是負責整體的觀光工廠行銷規劃與執行。

第四類是導覽及銷售人員，主要為服務業人員的培訓，導覽人員的部分包含了口條、導覽過程的話術、品牌文化的介紹、產業文化的背景、與城市以及在地文化元素的連結、體驗工具的操作、體驗過程的指導，亦或是消費者在任何的體驗過程中碰到問題，導覽人員都必須清楚精準了解並做回應。銷售人員則需要具備對銷售產品的認知能力，甚至可以接待外國觀光客、訂單團或遊覽車司機。

導覽人員的培訓

導覽人員的基本能力包括口條和服務能力，而根據工廠的場地規模大小不同則須具備兩種以上的專業能力（銷售、專業解說等），品牌對於導覽人員整體訓練需要有訓練計畫書。若品牌本身具有其他通路的服務銷售據點，則可藉由觀光工廠作為教育訓練的集中基地；若無銷售據點（製造業），觀光工廠為消費者唯一的溝通窗口，此時導覽人員則是重要的中介角色。導覽動線規劃需要設計多個不同的路線，不但可以疏散人潮還可以增加消費者的趣味性。消費者自己參觀或透過導覽人員帶領，都會有不同的體驗經驗。

導覽人員的建置共分成三種不同的思維：

- 一人式導覽：經由一位人員帶領消費者從入園後到離開前，帶領消費者對每一個觀光工廠元素相關資訊的解釋說明，也負責誘發消費者的購買行為。
- 分站式導覽：每一觀光主題都有不同的人員負責接說，導覽人員彼此合作，對於自己的專業內容與負責項目熟悉度較高。
- 半分站導覽：導覽人員負責整體性的品牌介紹，但是專業的內容另外交給工廠實際的製造或研發人員來解說。

導覽人員可以說是整個觀光工廠，最直接影響消費者對品牌形象的第一線人員。導覽人員的專業性要讓消費者對品牌感到認同、滿意，導覽內容及話術的設計上就必須具備品牌及產業的專業知識，以及可以誘發鄉費者興趣的其他用語。當消費者詢問品牌跟在地關聯性，或與比較其他觀光工廠時，導覽人員能清楚說明介紹，並適當的回答消費者問題。導覽人員的話術中，也可以分享自身在觀光工廠服務的原因與心得，讓消費者更容易瞭解品牌與員工之間的良好關係。

▼例如：歐洲的海尼根觀光工廠，其文化產業不斷推陳出新，其品牌一樣使用整合行銷的改念，販售商品時讓消費者必須前往該觀光工廠才可購買到該商品，且該商品並非隨處皆能輕易購買，有限定購買的概念存在其中。但此前提是觀光工廠有許多如博物館的概念，並設有部分數位的體驗空間，所以當大部份的消費者對觀光工廠產生興趣時，觀光工廠又推出限定產品，便會讓消費者對觀光工廠有濃厚的興趣。

伍

準備好快跟上：品牌再造創未來

精準行銷創效益

有些觀光工廠很有故事性、也有創新的體驗場域，但有些則較屬於傳統呈現方式。若是觀光工廠的市場區隔太過相似，無法讓消費者覺得一定非要選A而不選B，通常消費者會選品牌知名度較高或是有口碑推薦的。因此若是觀光工廠有相當明確的獨特性，而且與品牌形象高度連結，就讓消費者在觀光工廠中對品牌有更深度的瞭解。

觀光工廠的定位會影響到有興趣觀光的人數多寡，若是觀光工廠的定位是品牌形象建立，參觀人潮會較少但品牌溝通的品質會提高。若是觀光工廠的定位是希望透過大量人潮帶來銷售獲利，則會有較為廣泛的消費客群。現今行銷需要跟著消費者走，早期消費者對產品的使用即可得到滿足，當消費者有更多選擇時，便會開始選擇心理層面的偏好，以及品牌形象是否與消費者認同有所連結。現在的消費者更在乎自己的體驗經驗，經由過程引發消費者興趣進而產生偏好。

另一個方面，當消費者對品牌產生興趣後，也會有意願前往觀光工廠參觀、體驗。消費者回到家後，便會回想在觀光工廠體驗到的感覺，和對品牌的記憶，因此之後在其他地方購買需要的同類型產品時，因為消費者已經對品牌產生好感，便會持續支持購買品牌的產品及服務，觀光工廠建立在品牌永續經營的基礎上才能讓消費者產生更多的認同。

部分市面上較不具知名度，或消費者比較不熟悉的品牌，可以經由品牌再造的階段性完成，或觀光工廠開幕的行銷活動，讓消費者認識品牌。觀光工廠透過新聞的報導曝光，的確能增加消費者對品牌的認識，也能增加消費者的興趣。有時因為工業園區中有數個觀光工廠也要同時做一些規劃，便可以結合工業園區的力量主題行銷。

新品牌的發展好時機

觀光工廠同時具備形象以及體驗，如此龐大的投資可能花費上億甚至數十億元，品牌的期望便是希望作為主要的品牌接觸點，讓消費者喜歡甚至認同該品牌。品牌原有的知名度會影響到是否需要使用更完整行銷工具，才能建立消費者對觀光工廠的認知。若品牌知名度高，消費者對於該品牌的觀光工廠興趣則本來也就會較高；若品牌知名度較低，則需要重新設計跟消費者溝通的方案。品牌從建置觀光工廠的初期，便要開始建置品牌網站，逐步讓消費者看到觀光工廠的成形過程，並在此過程中建立消費者的基本認知。

從整合行銷傳播應用而言，許多品牌會購買電視廣告、公關新聞操作或花費預算在置入性行銷或數位行銷等。在經營觀光工廠時，由於初期獲利模式尚未建立，所以多數品牌初期並沒有運用大量的行銷費用，只針對觀光工廠的形象投資。但若品牌希望將觀光工廠得以成功推廣，仍然需要先回到品牌整體形象建立的重點。等到觀光工廠逐漸有能見度，在依照不同目標來進行行銷投資，找出適合觀光工廠的行銷傳播方式。

然後以數位行銷持續累積目標消費者的興趣，在開幕前也要製作觀光工廠的宣傳影片及廣告，讓消費者確實知道觀光工廠的正式成立。宣傳影片及廣告可以在電視廣告等大眾媒體播放，也可先從較小眾的影像平台來曝光，像是在 You Tube 曝光後進行推播廣告的購買。待廣告播出後，消費者也知道觀光工廠的存在，此時品牌再開始投資以置入性行銷的方式或是公關報導增加消費者興趣。

體驗行銷的大使命

經由網路、新聞報導、公關操作等方式，消費者關注觀光工廠的原因都是有新創意的注入。創意的應用在觀光工廠中都必須要具備。當沒有創意只是品牌介紹或導覽銷售時，消費者會認為觀光工廠是陳舊的甚至無趣的，便沒有太多的意願一再前往。當觀光工廠十分有創意，但是將品牌、產業與消費者生活意結合，就更能產生話題及口碑。

許多觀光工廠為了能夠讓消費者對品牌也有更多創新的認知，會將觀光工廠做為品牌對外的重要接觸點，包含廣告拍攝場景及公關宣傳的場地。像是服裝類的觀光工廠，會不定期舉辦服裝走秀，若有新品發表時，觀光工廠也可成為記者會舉辦的場所。

觀光工廠是品牌體驗行銷的一環，所以消費者在體驗行銷的過程中，必須留下好的記憶再離開是十分重要的。在設計針對體驗行銷時可以應用創新來結合，將品牌故事與產業元素以文化創意的方式呈現，像是規劃產業故事進行戲劇表演，或是邀請藝術家創作呈現品牌理念，將消費者本來在生活中本來就會感興趣的文化創意進行連結。

體驗行銷的應用可以吸引消費者首次參與體驗的意願，所以觀光工廠可於品牌原有的通路上，贈送消費者觀光工廠體驗券或折價券，誘發消費者前往。觀光工廠的內容必須不斷的更新，當觀光工廠的發展已相當成熟與完整時，可以舉辦大型主題節慶活動，或是與文化藝術結合策展，讓消費者認為觀光工廠及品牌持續具有獨特性及創新性。事件行銷運用在觀光工廠中，則需要先檢視觀光工廠的空間大小，若是觀光工廠空間夠大，便能舉辦野餐日會或較大型的表演活動；但若空間較小，則可以針對會員的方式規劃限定會員日。

虛實整合最重要

現在的觀光工廠常用的四種傳統的行銷工具。第一種是網路行銷，運用品牌網站、社群媒體等，與消費者直接接觸。第二種是透過與旅行社合作的異業結合，都是直接把遊客帶到觀光工廠。第三種是與學校合作。許多學校不論國中、國小的校外教學或畢業旅行，亦或是高中、大學的戶外學習或課外學習，都可能前往觀光工廠參觀。第四種是製作微電影，可以有品牌規劃拍攝也可以透過競賽選出。

對消費而言，每一次的品牌接觸都會累積一定程度的印象，如果能不斷的推出創新的主題，更能喚起消費者想重複參觀觀光工廠的意願。有時公關的記者會或是廣告拍攝，甚至是贊助偶像劇的場景，通常是不讓消費者參與的，但若能適度宣傳或是開放，對於品牌來說不但達成媒體的曝光效果，也同時能有機會讓消費者在第一線看到與平常較沒機會接觸到的創意體驗。

實體的行銷推廣中，讓消費者到觀光工廠就會想打卡按讚、拍照分享上甚至撰文跟親朋好友分享經驗。部分消費者會將覺得有趣的內容，包含照片含文字發布到自己的社群上也可以邀請部落客參觀後撰寫文章並給予補貼，文章後分享在部落格中。透過口碑的建立，不斷影響其他有興趣來參觀的人。也可以讓消費者邀請其他好友前往觀光工廠參觀，並設立獎勵的機制。

置入的部分，許多綜藝或旅遊節目本身的性質便是前往各個不同的景點進行報導，所以觀光工廠可以預先規劃主題，透過節目影響消費者。至入及公關報導讓消費者能知道像是觀光工廠的開幕、體驗的內容。若是觀光工本身建築外觀、場域空間很有特色，也可以透過戲劇的置入，如同韓劇吸引許多粉絲前往拍攝地點朝聖。

目前許多的觀光工廠利用宣傳刊物或出書來提升自己的質感，宣傳刊物的目的傳遞品牌文化與形象為主，另外可以將運用行觀光工廠在媒體的曝光、公益形象的建立或在社會上的貢獻服務、與企業形象連結放在宣傳刊物內，利用這些刊物幫助品牌的形象正面連結，並作為提醒消費者下次回到觀光工廠的接觸點。

品牌再造是唯一解藥

近來政府鼓勵工業用地低密度土地使用，朝向綠色「節能」、「減碳」、「再利用」的方式。而閒置工業用地則是發展「文化展演」、「公園綠地」等再使用方式；營運中的工廠引進觀光服務業的新商業模式，以創新和創意的結合提升營運效益。並鼓勵品牌與社區合作模式，工商業合作帶動居民生活品質，共同經營優質生活圈。

相較過去，傳統產業逐漸重視品牌形象，提升工廠安全衛生，關注環保問題，期望建立良好的公眾形象及關係。特別是位於工業區的工廠轉型成觀光工廠，更能兼顧經濟與園區效益。臺灣的觀光工廠有一個比較明顯的困境，在於需多品牌本身沒有先思考未來發展的營運模式，就投入資源成立。臺灣的觀光工廠到目前為止，真正能替品牌在國際上帶來聲量，或是讓台灣消費者因此對品牌產生肯定的也是相對有限。

公益的部份，也可以應用弱勢族群進行員工培訓，包含法律規定內需要用到的弱勢族群數量，或更一步讓公益團體、庇護工坊進入觀光工廠中服務，從事簡單卻又能讓消費者覺得品牌和公益形象有所連結。像是消費者前往餐廳或加油洗車的場所都會看到公益團體，若在觀光工廠中也看到公益團體的參與，此時不僅能幫助弱勢進入觀光工廠的職場，未來也對品牌的正面形象有相當的助益。

若今天台灣的觀光工廠想要與世界接軌，並設定成為國際級的觀光工廠，就必須做到下列五個層面：

- 第一個層面是產業接軌。產業在世界上或鄰近國家是否具有獨特性，消費者必須被吸引，才能增加前往參觀該產業的觀光工廠的慾望。
- 第二個層面是文化接軌。消費者在不同的國家、地區對於陌生的文化是無法能夠引發共鳴。建立在國際觀光客認知的臺灣文化及品牌文化有記憶，是十分重要的課題。
- 第三個層面是國際接軌，可口可樂在台灣設廠並建立觀光工廠，由於是國際品牌，本身便擁有很強的品牌特色及觀光價值，國際消費者對於品牌已經相當熟悉，所以願意到訪觀光。國際品牌的導入以及臺灣本身國際級的品牌建立觀光工廠是長遠達成的目標。

- 第四個層面是城市接軌。觀光客多半會先認識城市才認識觀光工廠。因此可透過城市的連結與合作，讓城市帶動觀光工廠的發展，再讓觀光工廠成為城市亮點，與城市一起躍上國際舞台。
- 第五個層面是人才接軌。許多觀光客前往台灣的觀光工廠，可能是對於台灣文化及品牌本身感興趣。但由於語言並不一定相通，所以導覽人員至少能用對方國家的語言進行溝通與導覽，或是增加翻譯設備的輔助。行銷人員也要有國際觀，才能讓觀光工廠在國際上增加能見度。

▼例如宏亞公司成立的巧克力共和國，因為巧克力是大多數消費者都會食用的食品，因此觀光工廠主題便是消費者可以了解巧克力本身特色，以及巧克力的歷史還有文化。觀光工廠甚至分享巧克力在古代馬雅為祭品使用的資訊，現場也分享巧克力在各國的進口量出口量、生產地等等。觀光工廠讓消費者透過觀賞產生興趣的主題或使用其他元素以獲得新知，使品牌形象得以建立，同時也帶動產品的銷量。

筆記

【渠成文化】Brand Art 001

獲利的金鑰
品牌再造與創新

作　　者　王福闓
圖書策劃　匠心文創
發 行 人　張文豪
出版總監　柯延婷
編審校對　蔡青容
封面協力　L.MIU Design
內頁編排　邱惠儀
E-mail　cxwc0801@gmail.com
網　　址　https://www.facebook.com/CXWC0801
總 代 理　旭昇圖書有限公司
地　　址　新北市中和區中山路二段 352 號 2 樓
電　　話　02-2245-1480（代表號）
印　　製　上鎰數位科技印刷
定　　價　新台幣 380 元
初版一刷　2018 年 8 月

ISBN 978-986-95798-8-9

國家圖書館出版品預行編目（CIP）資料

獲利的金鑰：品牌再造與創新 / 王福闓著. -- 初版. -- 臺北市：匠心文化創意行銷, 2018.08
面；　公分. -- (Smart key ; 1)
ISBN 978-986-95798-8-9（平裝）

1.品牌 2.品牌行銷

469.14　　107009676